姐，整理的是人生

收納教主廖心筠，從斷捨離、整理收納到領悟人生幸福的旅程

廖心筠 —— 著

推薦序

學習斷捨離，整理自己勇敢往前走

——大師兄（作家）

通常我會整理房間的時候，都是我開始寫作時……。

有時候我會覺得自己想整理房間是種病態，越忙的時候越想整理，而整理完問題沒解決，反而變得更煩躁。

我真的不知道原來收納跟心理狀態是有關係的。

看完廖哥的書，才恍然大悟，真的有料！

大概在三年前，我買了人生第一間房，也是我們家的第一間房。我們家從以前到現在都沒有所謂的自己的房子。小時候住老家，長大後不斷的在租房。然而，不是自己的房子總有些缺點，就是很多時候我們不敢對一些陳設做改變，還有就是我們常常需要搬家，所以很多東西都是能用就用、堪用就用，房東提供什麼我們就用。導致我們沒有所謂的生活品質，也不太敢想生活品質，因為誰知道下次什麼時候會跑路呢？

除了房東提供的東西外，有很多東西都是親戚給的，換句話說，就是用剩下來還可以用的。自己有沒有很喜歡呢？這不在我們的考慮範圍，因為太窮了。

所以這次入住新房子，我希望很多東西可以換「新」的！

因為以前新對我們家來說算是個奢求。

但是媽媽還是希望一些東西能用就用，能不丟就不丟。

我們拿了很多舊家沒用的東西到新家，甚至到新家也不知道放哪裡？怎麼放？做什麼用？導致我們多少有點口角。

其實看過那麼多生離死別的我，是很不希望跟家人有口角的，因為我們深知明天跟意外不知道哪一個先到，所以不要留下遺憾跟爭吵當作最後的回憶。

但是由於長年累積的習慣跟各自對於物品的觀念不同，還是多多少少會有點不愉快。

曾經我也想過。

「算了啦，買房子是喜事，這是我們一家人的成就，是我們的第一間房，我們要開開心心快快樂樂地入住，不要因為這點小事讓大家不開心，我退一步就好！」

但是回頭想想，新房不大，我們空間有限，要是真的把那些東西都留下來，我們真的會壓縮很多原本可以有更好利用的空間。

「這幾箱是我們公司發的一些小禮品呀，雖然現在用不到，但是說不定以後會用到，你看有什麼牙膏呀、杯子呀、包包之類的，都很實用，以前我們賺錢不容易，現在還是要學會省！那個飲水機還可以用，雖然舊款的比較耗電，但是丟掉太可惜了。還有你爸的那些舊衣服，不要看這些老氣，人家可是姑姑從百貨公司買的，大廠牌呢！你以後上班說不定可以穿！丟掉浪費！」

這些話從老媽的口中說出來，不知道該指責她，還是要覺得感動。

因為她細數的都是我們那些年的辛酸。

「媽，我們以後可以不用這些了啦，我們去買好一點的東西好嗎？」

「你不要賺幾個錢就亂花，我們還是要省！」

「我知道要省，但是我們可以活得有品質一點嗎？」

我在三十三歲的那年，對我的生活講出了品質兩個字。

我覺得我很開心。

我真的覺得太晚認識廖哥了！假如那時候認識，我覺得她有更好的方法來幫助當時的我們。

我開始跟老媽溝通！不要問我都幾歲了丟什麼還要跟老媽溝通。其實我是老媽一個人做三份工養大的，我還真的是媽寶！

我們開始妥協，應該說是一起努力，不該說妥協。

我們學習了斷捨離，學習了雖然東西丟了，但是回憶還在心中，學習讓自己的生活更有品質。

我覺得很高興可以推薦這本書，其實像這種整理的過程，有時候會讓自己更加愉快地過著自己往後的人生。

斷捨離對我來說不是拋開過去，而是吸取過去的養分，整理好現在的自己再走下去。

希望看完這本書的大家，也可以好好整理自己的窩、自己的人生。

推薦序
透過整理與收納，迎接一個全新的自己與精彩的人生

——林明樟（連續創業家暨兩岸三地上市公司指名度最高的頂尖財報職業講師）

一九四三年，心理學家馬斯洛第一次在世人面前提出了人類動機理論，也就是後來全球知名的《馬斯洛需求層次理論》，自此，所有人都能在事業、家庭與人生經營中，找到自己的行為動機。

成年之後，每個人都忙著為自己的人生與家庭努力奮鬥，經過一年又一年的打拚，終於完成馬斯洛所提最低階的兩個需求：生理需求與安全需求。同一時間的自己，也隨著物質生活的富裕加上工作壓力山大，不知不覺中，養成了購物超過自己所需的不良習慣。東西越積越多，又因為東西沒壞丟了

覺得可惜，放著放著，生活的空間越來越小，與家人間的衝突也越來越高。

於是近幾年全球都流行著一股精簡風，在亞洲的斷捨離思維也匯成一股風潮，因緣際會下在好友 Cole 的分享中認識了笑聲爽朗、豪氣干雲的廖哥，她的工作很特別，是一位空間整理收納師。

透過 Cole 在廖哥身旁親眼所見、諸多客戶因為收納而改變的各種人生故事，我才恍然大悟：原來收納整理真的是『人生的開關』。當你很迷惘，或是在人生的某個地方卡關，透過收納可以重啟自己的人生開關。難怪我自己過去在卡關或是工作不順心時，常常會停下腳步整理書房，或是乾脆請個一、兩天假好好整理家中的環境。

原來，重新釋放空間，可以獲得心靈的救贖；

原來，放手開始斷捨離，才知道自己的人生想要的是什麼；
原來，清爽的獨立空間能帶給人安全感與幸福感；
原來，空間整理能讓自己有勇氣去丟棄無感麻木的日常。

這不就是心理學大師馬斯洛所提的更高階心理需求：歸屬感、被尊重與自我實現的需求？

原來，整理與收納，不單單只是整理與收納。
原來，就像廖哥的書名一樣：姐，整理的是人生！

ＭＪ看完全書書稿之後，五星滿分真誠推薦給您，透過整理與收納，迎接一個全新的自己與精彩的人生。

推薦序
台灣的近藤麻理惠教你整理人生！

——楊斯棓醫師（《要有一個人》、《人生路引》作者）

我的第一本作品叫《人生路引》，我認為人生需要指引，所以嘔心泣血的寫了這本書，讀者反應不惡，紙本、電子超過三十刷。

看了廖哥的書我驚覺，人生何只需要指引，人生還需要好好整理、痛快整理！我沒寫到的，她寫到了，而且說理帶著溫情，方法有效可循。

我的第二本作品叫《要有一個人》，元旦上市，隔天再刷，再隔兩天三刷，第十天四刷，差一千本，已達萬本印刷量。順著我的書名，我必須講一句：「整理教學要有一個人，不是廖哥是誰人？」

不知道的人以為十天四刷是我厲害，其實是我的五位推薦序作者厲害。

其中一位推薦序作者叫張瀞仁，她最近也出了新書《不假裝，也能閃閃發光：停止自我否定、治癒內在脆弱，擁抱成就和讚美的幸福配方》，我發現她的副書名，跟廖哥的書籍內容強烈共振。

瀞仁的上一部作品是《安靜是種超能力》，日文版在日本狂銷十八萬冊，也因此受到日本富比世雜誌專訪。得知有此訪問後，我循線查到報導登在《Forbes JAPAN》二〇二三年三月號，於是請專人幫我買了十冊。在聚餐時拿出請瀞仁簽名，她喜出望外，並擔心地詢問郵資是否比雜誌錢還貴。我根本不在意這些，我有一個處事原則是：「你是我的朋友，你有成就，我替你高興。」這本雜誌的封面人物，不是瀞仁，而是近藤麻理惠。

「近藤麻理惠是誰？」美國籍朋友問我，我說：「日本的廖哥！」

「那廖哥是誰？」我回答：「台灣的近藤麻理惠！」

廖哥以「收納學」見長，書籍、講座、教學素有口碑，她甚至還會在臉書上不定期說書（閱讀的範圍很廣，不囿限於收納整理領域），線上收聽的鐵粉總有數百緊隨，粉絲黏著度驚人，也足見廖哥魅力驚人。

行文暫別廖哥，來講我一個親戚。

親戚住北市，房子自有，踏進一樓，讓人再也不想二訪，為何？

我稍微描述一下二十幾年前踏入他家客廳時，映入眼簾的那一幕：空間中充斥了無用雜物，地上有一堆第四台購物頻道亂買來的商品，有種種以健身為名的器材、板凳、跳墊，也有那種聲音如坦克車的吸塵器。

往沙發一坐，扶手下方塞著用過的衛生紙，問其所以，被告知：「洗手後擦過仍算乾淨，還能擤鼻涕，所以先暫時放在沙發扶手下。」聽完，我驚駭莫名，那個空間讓我很焦躁，完全無法放鬆。

那個空間若說是倉庫，也是一個未收納妥善的倉庫。

那個空間只要出現沙發、茶几、茶葉、茶具，就能發揮近乎百分之百的功能，其他出現的任何「角色」，概屬多餘。

廖哥書中說「家是內心的縮影」，「家的樣貌，就是心的樣貌」，真是深邃精妙。

一個家表面亂糟糟，檯面下也是暗潮洶湧，人人各懷鬼胎、有所圖謀。那個家的成員，都不快樂，也不視彼此為家人，他們心情的浮亂，猶如居所空間的紊亂。

各黨派都敬重的前法務部長陳定南，曾以無黨籍競選宜蘭縣長，順利當選，並以七成選票高票蟬聯，八年治績，老輩稱頌不已。

他在一九九四年競選省長的時候，我是他的鐵粉，搜羅了他的錄音帶、錄影帶、紀念券、茶壺、外套、書籍等物品。

我所擁有的居住空間，日後總有一部分得存放這些東西，但我總有百歲時，這些東西若沒有找到最佳去處，終究也會全數被清除。

對我而言，整理這些「寶貝」，就是著手整理我的人生。

每個人的「寶貝」不同，有人可能是郵票、有人可能是蔣中正紀念酒，無論如何，著手自己的課題，就是整理自己的人生，萬萬不該把收納整理的功夫跟責任轉嫁給別人。

自己的智齒不可能自己挽，但自己的空間，就算是一時租賃，也總可以自己管。

收納是一門辭別過去的學問，把精神、氣力、物質集中在當下，並放眼未來。

我本納悶收納這門學問，年紀輕輕的廖哥怎會如此洞悉、如此熟稔。原來千金難買少年貧，苦過來的廖哥，身上早有一身「化詛咒為祝福」的智慧與功夫。

對於廖哥，不要只是佩服，不要只是被說服。

我們得用腦、動手，讓身邊的每個角落都變得怡人舒服！

作者序

謝謝當初選擇收納這條路的自己

從十九歲開始進入百貨業當櫃姐，從百貨到門市整整快十年，我都一直在當店員。一開始因為太年輕沒有經驗，業績搶不過那些姐姐們，只能做大家都不愛做的事情：點貨排貨、整理倉庫、燙衣服、調陳列。然後偷偷看著他們如何做生意，學習轉換成自己的模式。

每天去臨櫃問業績的時候，順便聽聽其他大姐的人生大道理。想不到，這些看似微不足道的「每個點」，在這麼久的將來互相連結後，成就了現在變成收納專家的我。

「點貨排貨」的過程，我會把配件和衣服分開以免搞錯，順便設定庫存位置，也造就了現在收納時規劃物品定位的能力。「燙衣服」數量很多很麻煩，這工作姐姐們一定閃得很遠，但因為燙衣服的過程可以仔細看見衣服版型、材質、細節等等，造就我現在教客戶整理衣櫥時，分辨衣服材質的超強能力。「調陳列」需要很強的組合能力和搭配技巧，一開始我每調都被嫌棄，副理來很兇一問：「誰調的？」我都勇敢舉手說：「我！」她會很不耐煩地說：「醜死了，重調。」但我不放棄一邊調一邊問，最後反而變成全省櫃位陳列前三名。這也讓現在我在幫屋主陳列衣服和物品時，都能擺出專櫃質感。

我喜歡衣服，也很熱愛搭配，更勇於挑戰陳列，沒客人的時候反而很熱衷大家最討厭的「整理倉庫」。我整理好的倉庫，物品的款式顏色數量會化成圖像記憶在我的腦海裡，比電腦裡的數據還正確，這真是驕傲的樂趣。

同事笑我是人肉盤點機，即便沒上班都記得東西在哪裡，其實我不是記憶力好，我是花非常多的時間處理每一個細節，讓這些庫存可以變成一套有系統的管理，就能省下很多整理和找尋的時間。也是在這時候，我設計出自己的一套「聯想性收納法」，可以針對不同人、不同需求調整，而且大家都能聯想得到、找得到。

當我開始教朋友收納她房間的時候，她說：「我覺得你應該做這個工作。」很多人跟我一樣有這困擾，但又希望衣櫥能像專櫃一樣美美的。」我當時雖然覺得陌生人怎麼可能答應，不過仍試著兼職看看，想不到造成廣大迴響。

其實從新聞報章、電台跟電視節目播出後，心裡的聲音一直很明確：「我想要全職教收納。」但是卻沒有勇氣跨出，於是一樣繼續當店員。但我太忙了，要騰出時間教收納、出書、寫文章，甚至到全台各地辦講座，根本沒有辦法專心在服飾工作上，即使我比一般人更快進入狀況，依然無法全心投入服飾業，覺得非常對不起這個好老闆，我必須承認「我有更想做的事要做」。

直到去幫了一個老奶奶，她雙手握著我的手說：「謝謝妳幫我，台灣能有妳這個收納姑娘真是太好了。」這時我突然驚醒，全台灣店員有多少人，但能教收納幫助這些人的目前只有我。於是，我鼓起勇氣告訴新老闆我的苦衷，她是個明理的人，也非常支持我去闖看看。真的非常感謝。

幫別人銷售了十年的衣服，這一次，換我銷售自己的才能，幫助更多需要的人。而且，我終於能回家陪陪憂鬱症的媽媽了，這是當時最迫切的一件事。

有時候會想，放棄百貨櫃姐穩定的一個月二萬七到三萬薪水，跑去做一個大家都沒聽過的職業。真是瘋狂！但我撐過來了。在十年後的今天，擁有了自己小小的成績。

創業很好，讓我看見自己的價值。討厭的工作一直做，薪水多也不會開心，但創業做想做的工作，不用再領死薪水，反而可以創造更高、更多元的收入。擁有時間可以帶家人、一邊環島一邊工作，想做就做，不想做就直接專注廢一個月。

創業也很不好，如果你想害一個人就叫他去創業，因為創業和當員工不同，當員工時哪怕七天沒開市，老闆還是要想辦法擠出薪水。當員工時日復一日不用太努力，薪水都有著落。但創業不行，你沒有停下來的一天，你就算不去工作，也要規劃如何才能有收入繼續向前，每分每秒都在思考如何把時間發揮到極致、如何讓自己的才能變現。

說了那麼多，還是很感謝自己當初做的決定。自由習慣了，現在要我回去當員工，我真的做不了。創業很辛苦，但我很高興自己走到現在。收納整理了十年，我幫助好多家庭走出混亂，但我的手開始出現後遺症，腕隧道、板機指等等各種問題，即便想要永遠待在第一線，身體也在抗議了。所以之後會慢慢退居幕後，把這些技能傳承給大家。讓每個人學會收納整理的技能，可以整理自己家，也可以變成第二專長創造收入來源。

從二〇一二年兼職、二〇一四年正職收納至今，收費從時薪二百元調整至專案報價。很多人說：你當時有辦法從二百元做這麼久，根本就是在做功德的！

其實對我來說，當時台灣還沒有收納產業，二百元是我試水溫的一個最低基礎，這二百元很辛苦，但滿滿的經驗累積在我身上，都成了專業知識與技能的來源。非常值得！

真的不要嫌錢少就不做，在初創業之際，每一份機會都是得來不易，錢反而不是首要問題。我一直相信，所有走過的路、吃過的苦，最終都會幻化成最美的成果。每一個我幫助過的家，謝謝你們給我機會影響你們，改變你們的環境，現在我擁有更大的影響力，能一次幫助更多人，都歸功於這些年來有你們願意敞開大門，讓我進入最私密的家中。

一步一腳印，回頭看看我走過的路，客人、學員和粉絲們滿滿的回饋，就是我經營收納幸福最大的動力。

目次

part 1

和解，才能重新釋放並得到自由

part 2

放手，才能知道人生要的是什麼

part 3

安全，才能在獨立的空間中體會幸福

part 4

面對，才能丟棄痲木的日常生活

part 5

回憶，才是物品背後最重要的意義

part 6

反思，才能了解塑造我之所以為我的事

part 1

和解，才能重新釋放並得到自由

母子一起學習斷捨離，捨得越多，得到越多

讓我們在混亂的雜物中一起從零開始，學習收納整理。面對雜物的同時，也面對彼此的親子關係。

這次的案例很特別，是媽媽幫兒子預約的。媽媽說：「每次送兒子回宿舍就直接回家了，很少有機會進去看看。前不久進去借廁所，才發現我兒子的房間太可怕了！簡直亂到不行！」

她接著又說：「其實我也是不會整理的人，就算想幫他整理，也不知道

從哪裡開始收。看到他房間這麼亂，就算花三個月也收拾不完，真想直接逃走，所以希望能求助專業，教我們如何整理。」

孩子複製父母的行為，但很多時候父母也不知道該怎麼做

其實，孩子會不會整理，和父母真的有直接的關係，因為他們是複製父母的習性。就像小時候，父母總是教訓我們，「功課去寫一寫，把書讀好就對了！」但他們沒有告訴我們，「把書讀好」的定義是什麼？「房間那麼亂，趕快去收一收！」但他們沒有告訴我們，房間到底要怎麼收拾才對？

原因在於，很多時候父母其實也不知道該怎麼做。

所以，我真的很希望所有責怪孩子不會整理的父母，先問問自己，你會

整理嗎？如果你會，有沒有把正確的收納整理方法教給他？如果你也不會，那要用什麼樣的標準來要求他呢？

最好的方法，就是像這對母子一樣，在混亂的雜物中一起重新開始。媽媽放下父母的姿態，孩子也放下抗拒的心，一起從零開始學習收納整理。面對雜物的同時，也面對彼此的親子關係。

根據我的經驗，親子收納整理有幾個重點需要注意：

❶ 給予彼此正向的鼓勵

媽媽就是媽媽，常常無意識地邊收邊唸，「你怎麼把這個放這邊？」、「這個應該要洗了吧？」一旁的兒子越聽越無奈，默默皺起眉頭。這時候，我馬上提醒媽媽，「停止抱怨，唸也沒有用！」兒子突然笑了出來，「我常跟我媽說，唸我也沒辦法改變什麼。」其實，兒子也知道媽媽的每一句話都是關心，但比起碎碎唸讓他反感，不如給予正向的鼓勵，一起告訴對方，「我們可以一起努力完成！」

❷ 不要干涉彼此的決定

兒子的衣服原本散落在紙箱、床頭櫃、衣櫥等地方，他總覺得自己的衣服不夠，其實很多衣服都被他遺忘，甚至根本放到發黴了。當我們一起將這些衣服集中起來，他才發現衣服其實很多，只是沒有集中整理。

而且，因為他瘦身有成，從八十六公斤減到六十六公斤，其實衣服很容易斷捨離，很多以前的大號衣服就請他直接淘汰了，「如果不想胖回去，就直接跟它說再見！」一開始媽媽還捨不得，想要留幾件下來，但我告訴媽媽，既然都要他學習斷捨離，就要尊重他的決定。

其實這也是很多父母面臨的問題，他們希望孩子獨立自主，卻又忍不住干涉孩子的決定。若你希望孩子成為一個有自我方向的人，就請尊重他的決定，在整理的過程中不要干涉物品的去留。

❸不要打斷彼此的思緒

當我們整理到兒子的書籍和文件時，母子兩人同時陷入了奇妙的文字迷宮。兒子拿起每份文件，都會看得很認真，陷入太久；媽媽則是會拿起手邊的文件，一樣一樣好奇地詢問孩子，導致兩人都會中斷原本的思緒，不斷地重新來過。

「一直打斷對方的思緒」也是多數人進行親子整理時常犯的錯誤。斷捨離其實需要很高的專注力，每當思路和節奏被打亂，就要花更多的時間和精神才能回到上一個動作，反反覆覆非常耗時耗力。所以這時候我會提醒媽媽，給孩子看、讓他自己決定就好，不要打斷他。

❹不要分類太細

這位媽媽很可愛，每一件小東西都要再次向兒子確認，「這是什麼零件？」、「這是什麼墊片？」明明兩個人都正在做分類，卻因為這樣導致動作頻頻中斷，於是我一直在旁邊重複提醒，「那些都不重要，你們正在分類」，幫助他們專注在眼前的工作。

「分類太細」也是大家在做整理時容易卡關的地方。如果一開始就卡在這些小東西，分散了注意力，也浪費了時間，即使收拾了一整天，進度也有限，看起來就好像沒收一樣，一定要留意。

❺「收好」不等於「收納」

過程中，最有趣的是我觀察到媽媽和兒子有一個一模一樣的習慣，就是當東西很雜亂，不知道該怎麼辦的時候，他們都會隨便找一個箱子或盒子放進去，眼不見為淨，認為這樣就可以了。

這樣的收，是「收好」，但不是「收納」。即便收進盒子裡，裡頭一樣各種類別的東西都有，等於沒有分類。正確的方法是，一個盒子裡只有同一種類的物品，運用聯想性的收納法，才有辦法有效率地運作。

❻善用直覺聯想收納

因為兒子的副業是直銷，我利用他慣用腦的模式，為他打造宿舍裡的工作專區。先找一個和直銷品牌顏色一樣的綠色盒子，把工作相關的東西都放進去，讓他一眼就能看到，就不會常常找不到東西。

本來的冰箱並沒有在使用，所以就放在原來的角落，接著把書櫃橫放成更實用的角度。當所有的收納完成後，兒子的宿舍整個煥然一新，從一開始黴味和溼氣混雜的房間，搖身一變成為乾淨清爽的休息場域。最棒的是，媽媽和兒子一起學會了聯想性收納法，東西用完之後會很自然地放回它相對位置，真的讓人很有成就感！

當天工作結束後，媽媽非常感動地告訴我：「老師，我覺得這個錢花得太值得了！學會收納，我兒子的未來一定會更順利，我也可以回去把家裡整理好。」一聽到她的回饋，讓我充滿感激，我真心熱愛這份工作，未來我都會為收納努力下去！

重拾興趣，每個媽媽都值得一個屬於自己的位置

她就像高塔上的公主，等了好久好久，終於等到有人聽她傾訴。我想每個媽媽都是一樣的，她們要的不是禮物和讚美，而是旁人的同理和支持。

這天上午進行了一場線上諮詢，對方是三個孩子的媽媽。從她的描述中聽起來，其實她的居家已經整理得很不錯了，只是空間動線和家具還需要稍微調整一下。我知道，她很期待這次的諮詢。

為了孩子，扛下所有的重量

過程中，最小的孩子在旁邊不停哭鬧，吵著要媽媽抱。她一手努力抱著孩子，一手用手機鏡頭帶我看看她的家，擔心錯過任何一個角落，會漏掉諮詢改善的機會。沒多久，她的兩隻手實在太重、太累，痠到撐不住了，鏡頭開始歪斜，一直拍到小朋友的後腦杓。

其實鏡頭那一端看似有些雜亂的空間，已經是她用盡所有的力氣，能夠維持的最好狀態了。她每天醒來，永遠有忙不完的家事，為了照顧有特殊需求的自閉兒，她也付出最大的努力和耐心，幾乎把自己耗盡。就像我從她的鏡頭裡，看到的只有孩子，沒有她自己。

她好像高塔上的公主，等了好久好久，終於等到一個人能聽她傾訴心事，聽她說說自己的困擾。看似輕描淡寫的語氣，其實她是深怕一個不注意，內心壓抑已久的無力感會瞬間爆發開來。我看著鏡頭前孩子的後腦杓晃啊晃的，媽媽的手越來越抖，但她不敢放下手上的重量，或許是因為她知道，如果沒有她撐著，孩子該怎麼辦？

被埋沒的縫紉機，就像擺在最後順位的自己

在了解她的居家環境和整理需求之後，我先教她把空間中的「動」和「靜」分開，這樣能讓自閉兒在空間使用的切換上比較安心。接著，我也教她更換動線、對調家具，讓家具的擺設更合理，物品的收納就會更有秩序。

最後，整個家的問題都解決了，她的目光停留在角落的那台縫紉機上。那台很久沒有使用的縫紉機被埋沒在家裡的角落，上面還堆滿了雜物，那個

畫面就像一直被擺在最後順位的她。

我告訴媽媽：「應該把你的縫紉桌搬出來，放在最外面的空間，因為你也需要自己的位置啊！你已經做了最大的努力，現在家裡能有這樣的環境，真的很棒了！你為孩子付出，也應該為自己付出，好好肯定自己，你真的做得很好！」那一瞬間，鏡頭那端的她哽咽了，眼睛含著淚水，久久沒有說話，最後很感動地說了一聲「謝謝」。

媽媽為孩子、為這個家付出一切，她忘了自己的需求、忘了自己也需要被肯定，忘了自己會累、也會哭，彷彿也忘了自己的名字。我想每個媽媽都是一樣的，這麼努力，要的不是禮物和讚美，而是旁人的同理和支持。一句「你辛苦了」，就能讓她們更有動力繼續往前。

我想祝福她，謝謝你願意來諮詢，相信你把居家空間整理好之後，做家事會更有餘裕，孩子也會有更舒適的生活空間。而且我相信，你也能找回自己放棄已久的興趣。一個乾淨的家，一定會有好事發生！

重整「湊合著用」的房子，找回有品質的無價人生

> 賺錢，是為了讓自己擁有生活品質，日子過得舒服。一味省吃儉用，卻讓自己過得這麼辛苦，還不如做一個快樂的流浪漢。這樣的日子，再富有我都不能接受。

這位在屏東鄉下長大的媽媽，從小個性乖巧、內向隨和，不太擅長表達自己的情緒和想法。嫁到台北後，這樣的個性讓她在婚姻和家庭中彷彿漸漸失去自己。

拼拼湊湊的家，沒有聲音的小媳婦

她的夫家非常勤儉持家，即便有錢也捨不得花，只要物品還能用就不願意換，整個家可以用「拼拼湊湊」來形容。

五斗櫃從三十年前用到現在，抽屜總是卡卡的，都快拉不太開了；衣櫥門片的貼皮早已掀起來內外分離；電視櫃也是租屋的人才會用的簡易型，邊緣都膨脹變形了。三層櫃從先生學生時代用到現在，層板全部都凹下去變成U字型；裂開的塑膠地面和天花板也用膠帶貼貼補補；孩子的玩具隨便用歪七扭八的餅乾紙盒收納；廁所電燈壞了很久，甚至是後來我們去到府收納時幫忙修好的。

整個家裡，每一個角落都散發著「勉強湊合著用」的能量，感覺很不舒服，毫無生活品質可言。媽媽非常地委屈，其實她有很多話想說，但因為自己的個性，以及長久以來的框架，她把自己活成了小媳婦。這十年來，她迷失了自己。不知道自己要什麼？不知道自己喜歡什麼？不知道這樣麻木的日子有什麼意義？甚至因為壓力過大，必須看精神科。

有話大聲說，不只是「活著」，而是好好「生活」

直到有一天，她想起我，希望我能幫助她找回自己。

我靜靜地聽她傾訴，也和她聊聊多年來壓抑的心情。看著她不斷拭淚，哭紅的眼睛，真的替她感到心疼。

她說：「老師，我好羨慕你，可以很帥氣地說自己想說的話」。

我告訴她：「你也可以的，你現在說說看『甘你屁事！』」

她怯生生地說：「甘……你……屁事。」

我說：「不不不！你要很肯定的、很有力量地說出來。如果你的聲音會飄，大家就會感受到你的能量。當你散發出『我是小媳婦，我很怕說話』的氛圍，大家就會卯起來欺負你。所以再試一次，很肯定地說說看。」

她漲紅了臉，終於鼓起勇氣大聲說出：「甘你屁事！」

這一瞬間，語言的力量爆發出來。她愣了一下，然後開始大笑。她說：「我大概只有國小看卡通的時候曾經這樣大笑過。」我感覺自己好像是一個老師，教她找回自己，就算有一點驕縱和任性也沒有關係，教她用好奇的眼光和不一樣的角度觀察身邊的人事物，教她從「活著」變成「生活」。

舒服的空間、愉快的心情，比金錢更有價值！

那天，我們一起去大創採買收納用品。回程坐上一台計程車，我馬上驚呼：「天啊！這椅子好軟、好舒服！」司機得意地笑說：「這是我特地訂做的，小孩子坐上來感覺最明顯，他們馬上就會說好軟喔！純真的人都會直接說出來。」這樣說來，我可能也是純真的人吧？

我好奇地問司機：「一般計程車根本不會想要花錢訂做這種椅子，就算要做，也只會訂做自己的椅子，為什麼你連乘客用的也願意訂做呢？」司機說：「這台車就是我的工作環境，我覺得這個椅子坐了很舒服，訂做自己的要花二千元，再多花四千元就能讓搭車的客人都很舒服，這樣不是更棒嗎？坐得舒服，就是最棒的投資啊！」

我接著問：「可是很多司機都覺得車子能開就好，有些人還把家當都堆在車上，甚至還有垃圾，但他們也不在乎，反正能載客、能賺錢就好。」司機點點頭，「確實有很多司機不在乎車上的環境，反正也只是載你一程，時間一下子就過了，客人通常都會忍耐一下，不會特別抱怨。但是我覺得自己決定要擁有什麼樣的工作環境才是重點！我把車上弄得舒服乾淨，我開車的時候很愉快，客人也坐得開心，不是創造更多價值嗎？」

這時候，媽媽感慨地說：「這些話好像是在說給我聽的。」這個神奇的巧合，讓她見證了「吸引力法則」。同樣都是開計程車，你可以開著破破爛爛、堆滿雜物的車子載客；也可以花錢改裝，讓自己和乘客都開心。居家環境也是同樣的道理，你可以拼拼湊湊、勉強遷就住下去，也可以好好使用金錢，過著有品質的生活，你想要哪一種呢？

人生很短暫，待在家裡的時間就佔了三分之二的時間，為了你自己，請不要忍耐，也不要遷就，好嗎？

清潔、收納、整理，沒錢人也能變成好運有錢人！

有一位日本的占卜師，寫過一本書《有錢人家找不到衛生紙，沒錢人家冰箱黏貼紙》。到底「有錢人」的家，和「沒錢人」的家，有什麼不同呢？

一位單親媽媽的心願

這讓我想到曾服務過的一對年輕小夫妻。媽媽生了第二胎後，照顧二寶的同時，面對家裡一團亂，感到無能為力，漸漸開始逃避，乾脆眼不見為淨。

但隨著自己的生活越來越忙，和老公、家人的爭吵越來越多，過著典型的「沒錢人」的生活。娘家的媽媽很心疼她，捨不得女兒嫁人後竟然過著這樣的生活，於是寫了一封很誠懇的信，請我到府幫忙他們一家。

娘家的媽媽說：「我很年輕就喪夫，從二十歲出頭自己拉拔孩子長大。也許是一直努力賺錢忽略了她，也可能是因為單親，讓孩子渴望被愛。我很希望女兒能多見見世面，但想不到她也和我一樣早婚。我沒辦法再為她做什麼，最希望的是她能學會收納整理，改變自己的生活，讓我的孫子們也能在乾淨的環境裡長大。」信裡的一字一句，都是單親媽媽深切的心願。

如入鮑魚之肆，久而不聞其臭

小夫妻使用的空間只有遊戲間和主臥室，遊戲間本來是想要打造給孩子玩耍的，但日積月累堆滿雜物，慢慢地就走不進去了，所以孩子們只能在客廳的角落爬行。

我們在小孩房開始清理雜物堆時，突然聞到一股臭味，我問媽媽：「你有沒有聞到腐臭味？」她說：「沒有啊！應該只是空氣比較悶吧？」結果我在雜物堆最底下的包包裡找到臭味來源，竟然有一個腐爛的肉包！媽媽也非常傻眼，「這個包包大概快一年沒用了！」，也就是那個肉包整整放在那裡快一年，腐爛發臭了這麼久，都沒有人發現。原來這就是如入鮑魚之肆，久而不聞其臭啊！

省小錢花大錢，其實是一種自我暗示

這位媽媽還有一個「沒錢人」的特質，就是「省小錢，花大錢」。

她真的很愛試用品，不僅省吃儉用地使用各種試用品，而且花了很多時間精力，在各大藥局換試用品。例如寶寶已經七個月了，還是硬包NB的尿布，卻把正品的大包尿布上網拍賣。

我沒有建議她把試用品送人或賣掉，而是請她先集中同類型的產品，看看自己到底擁有多少東西。接著，我告訴她：「其實在心裡，你是在暗示自己，『我和我的孩子只配得上試用品』。」這樣的行為感覺省下很多錢，但她也因為去各大藥局兌換試用品時被店家推銷，反而花了很多錢買了很多保健食品，加上幾乎都忘記吃，最後通通放到過期。

相同的情況也反映在小孩的衣櫥上面。衣櫥裡滿滿都是外婆買的各種可愛童裝，媽媽卻覺得平常都在家裡，捨不得給他們穿，於是孩子每天都穿質料很粗糙的恩典牌。我們在整理衣服時，我也提醒媽媽這個問題，她看著衣櫥裡這些捨不得穿、快要放到穿不下的衣服，再看著自己手上一堆捨不得丟、充滿毛球的衣服，她突然覺得自己真的錯了。

於是她開始加速斷捨離，「我只要留下我們真的會用的東西就好」。我們一起整理出超多東西，全部結緣出去，也清出好多包垃圾。

髒亂的家，財神爺進來也會跌倒

年輕的爸爸是一位業務，對於風水非常在意，堅持床要放在房間的正中間。這樣一來，經過的人常常腳都會踢到瘀青。我告訴爸爸：「風水固然重要，但比起風水，雜物的負能量才是最強的。你家這麼亂，財神爺進來也會跌倒啦！」

本來他對於請人來收納這件事非常不以為然，但就在我們收納完的隔天，他開始發生一連串的好事。先是公司突然接到半年份的超大業績；接著，他原來有一個考試，已經考了八、九次都沒考過，竟然在收納後的一週也順利通過了，大家都覺得非常不可思議。

其實，就像那位日本占卜師的書上寫的，「沒錢人」的問題很好解決，只要清潔、收納、整理就能改變。所以，如果你也想要變成有錢人，就趕快斷捨離吧！改變你的思考方式和生活習慣，把那些覺得可惜、捨不得，卻沒有在使用的物品都送出去，你就會發現空間乾淨了，人就順了、錢自然就來了！

透過居家整理，為照顧者卸下心靈重擔，再一次好好愛自己

這些丟不掉的雜物，讓你活在過去、擔憂未來。努力斷捨離之後，你可以徹底地活在當下！

溫潤原木質感的老宅、優雅的木椅、簡單的長桌上放著茶具。這三張照片是這次的個案傳給我的，那是她理想中的房子，是她嚮往的空間。我看著照片，心想，她一定很渴望得到內心的平靜吧？

物品會說話，透過整理讀出主人的心

也許是因為沒有結婚，照顧媽媽的責任落到了她的身上。她平時要照顧失智的老母親，又要整理家中的環境，除了自己惜物，捨不得丟東西之外，也因為壓力大，喜歡透過團購購物，加上她有很多興趣喜好，碗盤、杯子、花器等等各式各樣的東西不停堆疊，就這樣把空間填滿了。

加上她們家的動線有很大的問題。一走進玄關就是一個超級無敵大的吧台，讓空間看起來非常狹小。家裡的走廊上也全部都是物品，媽媽拿著助行器移動，必須越過重重障礙，看起來非常危險。餐桌上堆滿了各種雜物，她和媽媽再也無法坐在餐桌前好好吃飯，只能委屈地坐在客廳的角落用餐。

也許是長時間照顧失智的媽媽，媽媽反反覆覆的言行影響到她，久而久之她出現自我厭惡、存在感低下的問題。根據我的經驗，物品會說話，我在眾多雜物中，看到很多宗教相關的書籍，還有各式各樣身心靈課程的證明，看了這麼多書、上了這麼多課，為什麼她還是無法解決最根本的問題呢？

其實，只要環境改變，她的內心也會跟著改變。

獨自照顧失智母親的酸與苦

整理過程中，我發現她的收納方式和長輩非常相似，因為東西又多又雜，每當這個地方放不下了，她做的事情不是斷捨離，而是另闢新戰場！買更多的袋子、籃子和推車繼續裝，結果東西常常找不到，於是又重複購買。她很苦惱，明明自己也很努力收納了，為什麼家裡還是這麼亂？

她最大的問題就是「分類太細」。每一個盒子裡都有各式各樣的物品，藥品、美妝、食品等等全部塞在一起，最後有整理和沒整理一樣。上過我課程的人都知道，我最常提醒大家的一句話就是「不要分太細！」，最多分成三類就好，因為人的頭腦一次記不了太多資訊，一開始先大方向粗略分類就好，之後要篩選的時候再細分。

我們先將原本不利空間使用的吧台轉換方向擺放，動線瞬間變得方便許多。原本被雜物堆得不見天日的書房，經過我們開疆闢土之後，突然發現雜物下方還放有一台縫紉機，我先把它搬到一旁的鐵架上。

這時，媽媽走了進來，也許是因為失智，情緒時好時壞不太穩定，加上家中突然來了那麼多人，覺得沒有安全感。她拄著拐杖噹噹噹的敲著鐵架，用刻薄的語氣說：「現在這一間也要變成儲藏室啊？」

我笑著說：「不會啦！這裡很快就會變整齊了！」她懷疑地看著我：「我的縫紉機是不是被你們丟掉了？」我說：「您放心！縫紉機我放在這邊喔！」就這樣你一言我一語，那個瞬間，我彷彿能體會屋主的心情。

兄弟姊妹們好像理所當然地，覺得照顧媽媽是她的責任，但她沒有怨言，反而準備了很多碗盤餐具，期待有一天兄弟姊妹能齊聚一堂。但最後換來的，卻是堆滿雜物的家。當她一個人長時間面對失智的媽媽，即便再有愛、再有耐心，長期面對這樣苛刻的質疑語氣，再堅強的人最終都會垮掉。

面對捨棄物品，她不敢做決定，因為害怕自己會犯錯；也害怕家人責備，更害怕自己不停譴責自己，最後束手無策，只能自我放棄。因為不改變，也許就不會受傷，但這次她終於鼓足了勇氣，請我們協助她，努力斷捨離。

鼓起勇氣斷捨離的妳，真的很棒！

我在整理時，偶然看到一張她寫下的紙條，「希望媽媽能再愛我一次」。那一瞬間，我真的感到心酸酸。

從書房的窗戶望去，我看著在外頭努力篩選物品的她，我好想告訴她，「媽媽不是不愛妳了，她只是忘記了。她忘記妳一直在她身邊，她忘記自己也是一個溫柔的媽媽。妳也忘記自己是一個優秀的女生，妳忘記自己是一個很有勇氣的人。如果媽媽忘記愛妳了，沒關係，至少妳盡全力陪伴她了；如果媽媽忘記愛妳了，妳還是要好好愛自己。一定要記得，妳不是一無是處；一定要記得，媽媽對妳說的話不要太認真，她不是真的想要傷妳的心，她只是生病了而已。」

離開的時候，我給她一個大大的擁抱，告訴她「妳真的很棒！」，她的眼眶閃著淚水。我相信，這次的收納整理，帶給她的禮物就是自我肯定的力量。親愛的，祝福妳！也請妳認真思考一下，這些曾經丟不掉的雜物，讓妳活在過去、擔憂未來，現在妳努力地放手一搏了！從此之後，妳可以徹底地活在當下！

我相信經過這次整理後，妳就可以過上照片裡的理想生活，坐在舒服的木桌前，好好的為自己沏一杯茶，對自己說一聲：「辛苦了！謝謝我自己！」

等了三年的預約，她流下喜極而泣的眼淚

當你真心渴望某件事，整個宇宙都會聯合起來幫助你完成。

「老師，您好！三年前我們曾經預約過，但因為孩子的因素取消了。在那之後，我們家的狀況變得更糟糕，我和太太都不擅長收納，東西越來越多，常常為了整理而爭吵。我們真的不知道該從哪裡著手，很希望您能幫助我們。」

預約表單上，出現一個有點熟悉的名字。原來，是三年前的那對夫妻。

總是為了整理環境爭執的夫妻

走進他們家，四歲的女孩正在充滿雜物的客廳裡玩著。桌上滿滿的廣告傳單、信件，椅子上也堆滿了書籍、繪本。她坐在塞滿玩具的小角落，靜靜地組裝積木。

媽媽告訴我：「三年前預約時，這孩子剛出生不久。因為早產，只有六百多克，我每天都在擔心她能不能平安長大，擔心到產後憂鬱，以淚洗面。整天戰戰兢兢，深怕沒有把她照顧好，也就漸漸地忽略了環境，其實我一直都想把家裡整理乾淨。」

曾經有好幾次，先生提起家裡雜亂，想要一起動手整理，有心卻無力的她都會惱羞成怒，最後總是爭吵收場。看著孩子漸漸長大，她終於放下懸著的一顆心，但衍生而來的問題，卻是孩子沒有一個乾淨的空間可以玩耍，於是夫妻倆還是為了整理問題而責怪對方。

那種生活在雜亂中束手無策的無力，那種想要改變環境的心情，我都能感同身受。很巧的是，前陣子他們參加了夫妻諮商，諮商師建議「回歸家庭環境」，請他們找一位整理師，好好的把家裡整頓一番。「先生堅持一定要找你，所以事隔三年，我們又預約了。」

每個囤積的角落，都是被負面情緒淹沒的自己

環顧四周，各種物品散落家中四處，到處都是囤積的痕跡，加上夫妻兩人的興趣廣泛，媽媽喜歡占星、塔羅、能量，收藏許多水晶、隕石、手工皂等；爸爸喜歡書法、文學，收集了很多字帖和毛筆。首先，我們花了一些時間集

中這些物品，準備讓他們重新篩選。

第一天，媽媽雖然很想將家裡改頭換面，潛意識卻不免有些抗拒，其實這是很正常的。家中每個囤積物品的角落，就像被各種負面情緒淹沒的自己，要在三天內徹底面對過去三年的自我，心裡確實複雜。

結束第一天的整理後，通常屋主都會非常疲勞，隔天甚至爬不起來，但媽媽告訴我，她清晨五點就醒了。站在一堆堆需要篩選的物品前，她的眼淚終於忍不住潰堤，哭著對先生說：「我錯了！這些年我帶小孩的壓力大到無處發洩，只能亂買東西，我知道你一直希望好好整理，我卻只是逃避，還對你亂發脾氣，我真的錯了！」

累積了三年的壓力，彷彿都隨著這些眼淚宣洩出來。夫妻兩人都釋放出壓抑已久的情緒，不再處於最初緊繃的狀態，開始可以和我們一起輕快地抉擇，迅速地分門別類了。

為每位家人規劃專屬空間

這次的空間收納，我想送給他們一家三口不同的禮物。

送給女孩的禮物是一個乾淨的客廳。平常玩具可以收納到電視櫃下方，勞作和教具收納在觸手可及的位置，還可以輕鬆拿取繪本，和爸爸媽媽共讀。送給爸爸的禮物是專屬的書桌，他終於可以安靜下來，專注揮毫。

送給媽媽的禮物，是收藏興趣的專屬房間，彌補她這些日子為了孩子所放下的自己。現在的她，可以坐在化妝台前打扮自己，轉個身拿本想看的書，再打開一旁的抽屜，用精油好好保養；或者在手工皂區，製作她最喜歡的手工皂。

當整個家恢復成乾淨整齊的樣貌，在場的每個人都感受到整個空間的氣場和能量變了，和第一天沉重淤積的感覺完全不同。

我們要離開時，媽媽說了好多次好多次的謝謝，她小小聲地說：「老師，我可以抱抱你們嗎？」她給我們每個人一個擁抱，我也拍拍她的背，告訴她：「加油！你很棒！」她最後流下感動的淚水，我想，那是喜悅的眼淚。

擺脫控制慾的媽媽，斷捨離後的人生為自己而活

透過斷捨離，找回空間的秩序，拿回生命的主導權。重新平衡「控制」與「被控制」的母女關係，從此為自己而活。

這次遇到的客戶，一邊開車、一邊說著自己故事。她的爸爸是警察、媽媽是家庭主婦，她認為自己會有今天這樣雜亂的狀態，和媽媽有很大的關係。

從小到大，她只能活成媽媽想要的樣子

從小家裡的一切都是由媽媽打理，媽媽的控制慾很強，什麼事情都要依照她的意思去做。例如，從小夏天就為了防曬，全身被包到剩下眼睛，冬天更是被穿上一層又一層的衣服，永遠也不知道冷熱真正的體感。所以她長大後，不會分辨天氣的冷熱，這讓她在穿衣服上有很大的障礙。

另外，她的時間管理也有很大的問題。小時候和同學約好一起出門，出門之前，媽媽總是用各種理由讓她留下來，「你的東西還沒有收完」、「作業沒寫完不能出門」，她永遠都會遲到，甚至有時候根本出不了門。長大之後，她有很大的陰影，不敢和人約時間，因為怕自己不能如期赴約。

她的弟弟受不了媽媽，於是逃到台北生活。乖乖牌的她，一直到長大了

都還在媽媽的控制之下，讀的學校、做的工作，甚至連先生都是因為媽媽喜歡他的職業才選的。婚後，媽媽幫他們決定要在哪裡買房子，房子是媽媽喜歡的，幫他們看好房子之後，直接付了頭期款，堅持要他們買下。

搬進新家後，從裝潢到櫃子的顏色，屋子裡的大小事媽媽都要管，她真的被逼得喘不過氣。而且房子就在娘家附近，走出巷子抬頭就可以看到，媽媽甚至曾經打電話問她：「你的房間燈為什麼還是亮的？這麼晚了還不睡？」每一分、每一秒，她都活在媽媽的控制中。

失去的不只聽力，還有妻子與母親的身分

懷孕期間，她因為壓力過大，突然耳中風失聰了，這讓她晴天霹靂。後來順利生下孩子，媽媽堅持幫她坐月子，又嫌她不會帶小孩，因為耳中風的

關係，她有時會聽不到孩子半夜哭。她永遠記得那一夜，媽媽衝進她的房間，從她的懷裡一把搶走小孩，怒氣沖沖地對她說：「你連孩子哭都聽不見，有什麼資格當媽媽？」那一瞬間，她覺得自己什麼都不是，連自己的孩子都沒辦法保護好，她覺得自己擁有的一切都被剝奪了。

然而，壓倒最後一根稻草的是先生外遇。老公不但沒有認錯，反而對著她咆哮，「我再也受不了你媽的控制了！」離婚後，她的生活就像行屍走肉，覺得自己什麼都不是、什麼都做不好，覺得自己永遠都被控制，接著精神狀態開始出現問題，最後出現了人格分裂。

第二人格是她的保護者

那天，她和兩個孩子獨自在家的時候，另一個人格突然跑出來霸佔她的身體，那個人格叫王莉，是一個和她截然不同的女生。王莉的個性活潑開朗、不拘小節，想做什麼就馬上去做，沒有任何的猶豫。有一天，王莉什麼行李都沒有帶，開車逃離了「她」的家。

過程中，王莉遇見她的父母、同事，她向父母自我介紹：「伯父伯母，你們好，我是王莉。」看到自己的孩子，也像陌生人一樣。曾經遇過王莉這個人格的同事覺得非常奇妙，事後告訴她，王莉是一個很有趣的人，個性隨興，就像男生一樣大剌剌的，但她自己完全沒有記憶。

王莉在外出的期間，沒有帶任何的行李，因為沒有衣服可以換，光是內衣褲就穿了三天。最後一天，她真的受不了了，於是打開「她」的皮夾，拿錢去買自己喜歡的衣服。事後她在衣櫥裡看見這些衣服很傻眼，因為這些根本不是她會喜歡的風格，她心想，我和王莉真的是截然不同的兩個人。

後來，她接受心理治療時發現，王莉這個人格從她很小的時候就存在，是在她小時候被霸凌的時候，為了保護懦弱的她而出現的。所以，後來當她遭受到重大打擊時，王莉就會出現。接受心理治療後，目前她和王莉和平相處。

你就是你，你可以自己做決定

那天，我走進她的家，滿地的箱子佔據了走廊、玄關等空間，許多雜物擺在地上，床上堆了滿滿的衣服。我們開始動手整理這些囤積物品，但她顯得非常焦慮，因為從小媽媽管得很嚴，常常沒有經過她的同意，就隨意丟她的東西，所以她覺得身邊這些物品是她唯一能自己掌控的東西，她實在無法割捨它們。

我告訴她：「你已經長大了，可以自己做決定，不用再依賴媽媽，你就是你。如果不擺脫媽媽的控制，你永遠都無法自由，而且會越來越沒有自信。媽媽可能一直認為你是一個小女孩，但她必須要面對的是，你已經是一個大人了，你可以為自己的生活作主。如果你繼續讓媽媽用對待小女孩的方式來對待你，你們兩個永遠都會活在控制與被控制中，雙方都痛苦。你應該拿回生活的主導權，重新建立你們的關係。」

於是，她和我一起打開箱子，一一檢視所有的物品。剛開始，每一樣小東西都要謹慎地確認再確認，最後她已經能快速斷捨離不需要的物品。整理的過程中，她變得果斷又堅強。

當客廳和玄關的地板重現光明，床鋪上的衣服堆消失，每一件衣服都井然有序地掛在衣櫥裡，所有物品都放置在相對應的位置，整個家就像重生一樣。她非常激動地說：「我終於可以讓他們知道，我可以整理好自己的家，我可以掌管自己的生活。我是我自己，我要為自己而活！」

推倒用雜物砌成的城牆，從今以後被愛包圍

當你終於敢面對囤積的物品，把不需要的東西一個個斷捨離，讓你的環境被喜愛的興趣包圍，這就是「收納幸福」的境界。向過去喜歡的說再見，把珍貴的空間留給「當下」，從今以後你的世界只有愛。

從事收納這麼多年，我遇過非常多的案例是不知不覺把家裡弄亂的，但我第一次看到故意把房間堆積到這麼雜亂，簡直就像惡意摧毀一樣。

直到了解她的生活背景，才發現這樣的舉動是她對家庭的抗議。那些囤

積的雜物，是她保護自己的城牆；滿地的衣服，是她防止家人跨進自己領域的壕溝。唯有這樣，才能阻止家人的干涉。

既然什麼都不能丟，乾脆囤積到底

從小，她的爸爸就管得很嚴。尤其爸爸很念舊，不准他們丟掉任何東西，像她小學用的書桌，爛到表皮都掀開了、抽屜的底都掉了，還是一直放在她的床旁邊。還有一張超老舊的化妝台，已經完全無用武之地，也是卡在她的房間。什麼都不能動的情況下，她就像是生活在泥濘中的一條魚。

於是，她選擇自我放棄，既然怎麼樣都不能改變，就爛到底吧！反正被這些雜物垃圾包圍，也不是一天、兩天的事了。「亂塞東西也許是潛意識的抗爭吧！終於把這裡摧毀到我可以丟掉家具的地步了。」後來，她下定決心改變，努力和家人溝通，並堅持自己的決定，家人最後也妥協了，爸爸甚至會幫她丟回收的紙箱。

和她視訊的時候，可以很明顯感受到她的誠意。因為她的興趣很多、物品種類也很多，我希望我們到府整理的那兩天，她至少能清出二十袋的結緣品，她也一口答應！我提議可以把衣櫥門片拆掉，空間會變得更好用，她也列出想要丟掉的家具、想要改變床的位置等等的需求。

把珍貴的空間，留給「當下」的興趣

視訊過程中，我發現她也是雙魚座。興趣廣泛，喜歡追星、文具、動漫、水晶、咖啡、登山、收集杯子和袋子。其實，這樣的人是會收納的，她會把自己的興趣領域照顧得很好。我相信，只要把同類的興趣集中，她就會用興奮的心情好好維持。所以除了重新規劃她的空間擺設，也幫她規劃了登山用品區、咖啡區等興趣區域。

由於集中下架的過程非常耗時，當天她找來好朋友，陪她一起斷捨離，讓我們可以集中火力衝刺，最終真的清掉二十一袋結緣品，包括六袋衣服、八袋雜物、七袋書籍。這次收納的工程浩大，真心覺得我們團隊的每一位整理師都無敵厲害，每個人都是最強的「囤積終結者」。

動線調整好之後，她的房間變得超級大，本來被淹沒的地面也露出來了，這就是整理師最有成就感的地方！最神奇的是，當衣櫃拆掉門片、衣服依照顏色和種類分類擺好時，整座衣櫥美得像在發光。現在她隨手就能拿到自己想要的衣服，她開心地說：「我最喜歡選妃了！」

我們也重新打造她的咖啡區，陳列在櫃子裡的咖啡杯、咖啡壺，就像是她的私人咖啡館，美好又愜意。新增的白色鐵架上，整齊地擺放她的登山用品，每一處角落都是她的最愛。

翻轉人生，從幸福的避風港重新出發！

當天晚上，她傳簡訊給整理師 Sally，「我的大腦後知後覺，終於接受到我從此有乾淨的房間可以休息了。剛剛在外面，想到待會回到家裡終於有避風港，就哭了出來。現在也是，只要一想到就會淚流不止。真的非常感謝你們專業的協助，乾淨的家會有好事發生！」

看到這段話，我們真的感動到快哭了，所有的辛苦都值得了。這也是我一直以來的信念：乾淨的家會有好事發生。我相信，當你終於敢面對囤積的物品，把一個個不需要的東西都斷捨離，鼓足勇氣向老舊的家具說不，讓你的環境被喜愛的興趣包圍，這就是「收納幸福」的境界。你不再孤單寂寞，不必再用雜物掩蓋你的怨念，勇敢地對它們說不，這裡就是你最幸福的避風港，從今以後你的世界只有愛。

後來，她快速地把登山物品整理好，馬上要踏上新的旅程。她說她是山的孩子，要在喜馬拉雅山創造人生的新挑戰！我們真的很為她感到興奮和期待，因為我們整理的從來都不只是環境，而是透過整理來翻轉你的人生，為自己創造新的奇蹟。

part 2

放手，才能知道人生要的是什麼

用購物填滿空間，卻填不滿心靈深處的破洞

我們是以收納之名在療癒他人，擁有一個乾淨的家，就會有好事發生！

這位媽媽預約的時候，傳了一張照片給我，那是一條被紗布包紮起來的腿。她不好意思地說：「母親過世之後，自己的身體健康也出了狀況，瞬間瘦了八、九公斤。後來心理也生病了，狂買東西，把家裡和心裡都堆得像垃圾山一樣，很糟糕。加上現在腿又受傷了，很需要整理師來協助。」

她傳了好多照片給我，照片裡每一個空間都被大量的雜物填滿，已經嚴重影響到她的出入動線和生活了。我從照片看得出來，這不只是愛買的結果，而是心靈深處的破洞，讓她想用購物來填補。

她生病了，需要養病的空間，於是發出求救訊號，她告訴我，「我真的好想要改變！」希望我們可以幫助她。我明白，我懂。因此即便她只是提出居家改變的委託，我仍帶著對她更深的理解來到她的家。

低迷的心靈與無法呼吸的空間，造成糾纏的惡性循環

首先映入眼簾的是充滿雜物的客廳。電視櫃前堆滿紙箱，箱子裡的東西很明顯的再也沒有拿出來使用過。三十多年來，她沒有丟過任何的東西，所有的物品都裝在紙箱，不知不覺就把家裡填滿了。每一個房間都是衣服和大

量的物品，讓她動彈不得。

整個家，只有客廳還剩一個小角落的位子，被塞滿的空間像不能呼吸一樣，能量完全停滯了。住在這樣的家裡，難怪她很低迷，或者應該說，正是因為住在裡面的人心理空缺，才會讓家裡變成這樣。

我們進入的第一個房間，門口擋著大量的物品，但我們團隊四人很有默契，捲起袖子，瘋狂分類，一位負責鞋子、一位負責包包、我負責整理衣服類，還有一位不斷地把東西運送出去。就這樣我們破解了第一個房間、第二個房間，一直到第三個房間，被擋住的地方終於可以開啟，房間的地板也終於重見天日，空間瞬間變得好舒服。

為空間排毒，重新注入飽滿的能量

這時候，神奇的事情發生了，她從一開始的無能為力、沮喪至極、不斷自責，突然變得很開朗、很興奮，一切都是因為空間變乾淨了。看到這一幕，讓她轉化負面情緒，願意懷抱希望。她開心地說：「『家』終於出現了，未來可以好好過新的生活，擁有新的人生。」就這樣，她開始對新的空間產生嚮往，本來對於物品的不捨與後悔，瞬間就被重生的能量覆蓋。

當天我們總共清出九十三包的衣服、鞋子、包包，光是衣服，數量就將近千件，全數捐給需要的人，讓物品可以再次循環利用。她的兒子因為看到這樣的改變，自己也振作起來，每天下班回家都幫著媽媽重整家裡，整個家就像排毒一樣，不斷地清出不需要的物品，這個家庭越來越飽滿健康。

居家重整，給自己一個療癒的機會

這一切聽起來很神奇嗎？好像有一點，但在我服務過的個案中，大部分都會發生這樣的神奇經歷。面對各種囤積案例，我們不只是幫助他清除物品、把東西收納整齊而已；我們還可以幫助到更深層的、心理層面的重整建構。

每一個囤積物品，讓家中凌亂不堪的人，多是因為心中的空虛、焦慮和不安全感，轉而用購物與囤積來填補內心，彷彿塞滿空間就能保護自己，最後，反而讓大量的物品掩埋了真實的自我。

所以我們真正在做的，是透過居家重整療癒人的內心，進而轉化整個家庭的能量。當居家空間改變，空間的磁場也會隨之改變，身處其中的人想不轉化都不行！透過我們的專業，讓個案也有機會邁向截然不同的人生。

我們做的是收納，卻又不只是收納，我們是以收納之名在療癒他人，改變他的人生，轉化他的生命。擁有一個乾淨的家，就會有好事發生！

面對二十年的心魔，脫離五層樓的囤積泥沼

唯有你願意下定決心，願意徹底改變，我們才能拉你一把，幫助你脫離囤積的泥沼。

這次預約的是一位六十歲的媽媽。她一直很想改變家裡的環境，卻遲遲下不了決心，所以這幾年，她總是在詢問預約事宜後，又無疾而終。

直到有一天，她看見先生從床上起身，必須側著身體，小心翼翼地繞過雜物堆，上下樓梯也得左閃右閃，才能繞過樓梯間囤積的障礙物。加上手受

傷的孩子回家休養，整個家卻因為堆滿雜物而沒有容身之處。

那個瞬間，她突然覺得再這樣下去不行！她希望好好斷捨離，還給家人一個乾淨的居住空間。加上不久後家裡要裝修，每個來評估的工人都疑惑地問她：「你的東西這麼多要怎麼裝修？」這一切，讓她徹底覺悟，一定要改變！我相信這一次她下了很大的決心。

雜物堆疊成高牆，已經不像客廳的客廳

這個五層樓的家，幾乎每一層樓都被她囤積的物品佔滿。媽媽很不好意思地打開門，映入眼簾的客廳堆疊了許多紙箱，形成高度和冷氣一樣高的雜物牆。客廳已經沒有客廳的樣子，只剩一條小徑能通行，沙發的側面也塞滿了衣服和各種雜物。

我們先把包包放在唯一沒被雜物阻擋的冰箱前方，再走到後方的廁所，裡頭放了一座掛衣架，上面堆滿各種物品和帽子，我們必須側著身才能洗手。而樓梯轉角也是一箱箱的食品和物品，甚至堆了不少未拆封的購物台包裹，這些雜物一直蔓延到最後方的儲藏室。至於二樓的廚房，雜物也蔓延到地板，媽媽煮菜時，必須繞過雜物才能使用流理台。餐桌上下當然也被雜物塞得滿滿的，早已忘了大家有多久沒有坐在這裡用餐。

因為經過事前評估，這個家庭的囤積狀況比較嚴重，物品也非常多，這次我們總共動用四個人，分成兩組，分別處理客廳和廚房。團隊合作無間，一直拆箱、分類，兩邊都整理出大量物資。

買了不用，才是更大的浪費

原來她總是一次購買一大堆，回家就隨便放著，找不到時又重複購買，好多東西她自己都放到忘記了。幾十副眼鏡、超多指甲剪、大量全新未拆封卻放到過期的食品和保健品。主臥室的五斗櫃上積了一層近三公分厚的灰塵，我在上面的雜物堆裡，竟然翻出將近八十雙全新的襪子，還有大量未拆封的保養品，卻已過期超過五年。廁所裡的牙膏是剪開包裝，用到幾乎擠不出來，抽屜裡卻還有三、四十條沒使用過、放到過期的牙膏，還有近百支全新的牙刷散落各處。

走進廚房也一樣，好多舊到泛黃的廚具、餐具，她覺得還能用，捨不得丟掉。但樓下的儲藏室，卻有成堆未拆封的新瓷器、新餐具。我告訴她：「你要對自己好一點，買了就要用。買了新的卻一直用舊的，最後新的放到壞掉，反而是更大的浪費。」

當我們把所有的雜物集中之後，媽媽開始徹底斷捨離，同時徹底反省自己的金錢觀，她說其實購物只是買一個快感，並不是真的需要這些東西。整理的同時，她突然想通了，自己總是省小錢，花大錢，「我買了這麼多好東西，放著不用，最後還不是送給別人用？買了不用更是真正的浪費。」

最不可思議的是，她開始反省自己，因為母親六年前罹癌後，她一時間不能接受，加上照顧病人很累、很辛苦，她開始靠購物轉移注意力。當她覺得寂寞時，購物成了她和人接觸的機會，即便知道自己買了也不會用，也會因為銷售人員的熱情而幫忙做業績。結果我們清出整整兩個麻袋的過期品，將近十萬元的金錢就這樣浪費掉了。

兩組夥伴瘋狂拆箱、垃圾分類，最後我們終於突破了這道雜物牆，讓埋在下方的藤編沙發、鞋櫃和地板「出土」，整個客廳瞬間寬敞明亮了起來！

鼓起勇氣，面對二十年來逃避的自己

這次的大魔王，是囤積在頂樓加蓋的雜物，那些是二十年前，她搬進這個家時，用一個大貨櫃載來、再用吊車吊進頂樓的。但這二十年來，她都不敢面對，就任由它們放在那裡，我覺得頂樓的雜物就像毒瘤，一定要徹底根除！

於是我們一箱箱拆開來，裡面有十幾箱都是來店禮，同樣的來店禮換了十個，卻一個也沒有使用，她只是純粹想要享受「擁有」的感覺。五層樓的坪數，堆積了二十年的時間，然後又花錢搬家、搬雜物，雖然是捨不得丟棄物品，其實是浪費更多金錢與空間。

整理到這裡，她覺得自己真的生病了，哭著說自己真的很不應該，把家裡囤積成這樣，真的很對不起家人。以前只想逃避，現在一箱箱拆開來面對，才能真正看見自己錯誤的行為，徹底反省。

最後我們把大量的物資捐出去，感謝賣菜的楊先生開小貨車來，幫我們載了一車又一車，將近二百多袋的物品，分送給阿榮食物銀行的弱勢民眾，還載到那瑪夏的教會分送給孩子們，也把一些結緣物資分送給需要的媽媽們，讓真正需要的人接手，物盡其用。

這次的工作很艱難，我們整整花了五天的時間才圓滿完成，大家都累到手發抖，但完成後也非常有成就感。看著清爽的家，整個空間的能量變得很舒服，她的先生和兒子也開心不已。我們離開前，媽媽激動地抱著我們，哭著說了一聲又一聲的謝謝。

我想告訴她：「親愛的媽媽，你要謝謝你自己！唯有你徹底反省，願意改變，我們才能拉你一把，幫助你脫離囤積的泥沼。」我也真心感謝我的團隊，和所有參與的小幫手，有你們一起努力，才能創造這個奇蹟。

揮別以物質填補的十年，用斷捨離徹底改變人生

我相信收納整理的力量！透過整理的同時，清除那些阻礙自己的負能量，自然而然就能看見真正的自己，在接下來的日子裡過上全然不同的人生。

她的家非常非常乾淨，可以說是一塵不染，我們一走進去，看見窗明几淨的環境，每個人都傻眼，「你的家根本不用整理啊！」

其實，她遇到最大的問題就是「太會收了」。我常說，「收好」和「收納」

是完全不一樣的。「收好」是把表面看到的東西收得整整齊齊、物品本身並沒有減少或消失；「收納」則是先透過篩選整理，最後真正留下的東西才值得被收納。

用購物彌補受傷的童年與身心

我們是這十年來第一次走進她家的陌生人，她好像看見好久不見的朋友，終於有機會開口說出自己的故事。

她有強迫症，會不停地擦拭環境、不斷確認衣服是否用對衣架、是否掛在她知道的地方。她說小時候媽媽重男輕女，所有的家事都是她在做，做不好就會被毒打，長大後就變成強迫症，害怕哪裡漏掉、害怕哪個區域還有灰塵。

十年前，她遇到重大的醫療疏失，導致腸子壞死必須切除，終身都要掛著人工造口，從那一刻起，她的世界天崩地裂，她覺得自己的身體很醜陋，人生過得很失敗。於是她不停購物，想要填補自己的空虛，她只有在購買的那個瞬間覺得暢快，一回到家，又陷入自責和焦慮。

久而久之，這些東西佔滿了整個家，即便她再會收納，堆滿未拆封新品的空間也失去了生活的意義。直到每天聽我的 YouTube 直播，她突然覺醒，渴望擺脫過去，於是請我教她斷捨離。

暢快斷捨離，把愛與幸福分享出去

她的更衣間裡，很多都是幾乎沒有穿過，吊牌都還掛著的衣服、鞋子、寢具等等，甚至同一個款式的衣服重複買了二、三件。其實這些物品的背後，都傳遞著她想要愛自己的渴望。

她知道自己這十年來，都是靠購物來擺脫內心的痛苦，已經下定決心要捨棄東西，只是需要我們協助推她一把。斷捨離的過程中，有我的陪伴，她變得非常果決，一天之內就清掉了三十包的衣服，全部都捐給需要的單位。遇到我這個結緣高手，當然要把她清出來的大量物品結緣出去，包包、鞋子、床墊、寵物用品、椅子、衣架等等，這些東西都有了更好的主人，這種感覺真是暢快！

大量的全新內衣，我們送給一位和阿公相依為命的女孩，女孩拿著新衣，笑得很開心。還有大量的純棉床組，收納幸福的鐵粉幫我們一次載走，分送給其他媽媽們，有異位性皮膚炎的孩子，收到純棉床組都覺得很幸福。

我也重新調整原本很難使用的更衣間，大刀闊斧地拆掉只能掛幾件衣服的螺旋型掛衣架，再放進一座閒置在外面的鐵架，鑲崁進去空間剛剛好，不僅可以掛更多的衣服，看起來也是賞心悅目。

不只是收納，而是不可思議的奇蹟

她說，「生病之前，我本來是一個笑開懷的女孩，但這十年過得渾渾噩噩，每天都想死。」我看到她的手腕上有著一道道深深淺淺的傷痕，「我的痛覺根本麻痺了，只有這樣才能感覺自己活著。」我輕輕撫著她的傷口，告訴她：「只要活著，你一定會改變的。」她的眼睛閃著淚光，內心彷彿得到了撫慰，多年來，她要的只是這樣的在乎和陪伴。

她其實非常寂寞，平常也沒有朋友，約我們一起去外面吃飯的時候，她看起來非常興奮。原來，她和第一任先生的婚姻非常糟糕，幾乎所有可怕的事都發生在她身上，好不容易遇到了現在的先生，雖然很疼愛她，但每天忙於工作，很少有時間能夠陪伴，連她想一起去樓上看個夜景都是奢求。

當整個家清掉了大量的物品後，能量彷彿獲得了平衡，我一直相信「乾淨的家，會有好事發生」。

她的家人看見家裡的改變也非常滿意，一直以來忙於工作的先生，竟然提議帶她去踏青。平常需要使用嗎啡控制疼痛，總是睡不好的她，在整理過後，睡眠品質突然變得很好。更驚人的是，原本已經沒有用處的直腸，竟然可以像普通人一樣排泄了，這些都是很不可思議的奇蹟！

謝謝我的最強助教ＡＫＩ，很有耐心地協助屋主調整她的衣架款式；謝謝整理師美琇，幫我們把大量物資捐出去給需要的單位；謝謝小助手名旋，不停幫我們清出垃圾和運送結緣品。因為有大家的互相配合，才能成功幫助這家人邁向嶄新人生，再一次驗證了我的收納服務不只是收納，而是徹底改變你的人生！

練習掌握生活的不確定性，何須追求「完美」的家？

居家整理時，如果被小問題卡住，動彈不得時，不妨往後退一步。有了「綜觀全局」的能力，你會發現看到的往往更多，自然就能擁有更全方位的思考，擁有面對生活不確定性的勇氣。

有時候，看到諮詢者傳來的照片，我都有一種懷疑人生的感覺。因為他們的家根本就像是無印良品的型錄照片，沒有雜物囤積，當然一點也不髒亂，「你確定需要線上諮詢嗎？」

往後退一步，居家整理需要綜觀全局的能力

根據我的經驗，越是整齊的家，主人往往對細節就越執著，卡關的地方也就越多，總覺得很多小地方沒有處理好，整個家好像都相形失色。在線上諮詢的過程中，我發現他們其實都已經很完美了，只需要「往後退一步」。

很多時候，我們一直糾結在「這個抽屜沒有放好」、「這個櫃子沒辦法改」，眼光卡在小小的區域，卻讓整個頭腦當機了。換個角度想想看，只要往後退一步，眼前的視野和使用區域不就變大了嗎？

你會突然發現，原本怎麼看都不順眼的抽屜，其實可以和其他抽屜整合，或者只要轉一個方向，拿取就能變得很順利，所以問題並不是抽屜本身，總之，往後退一步，看到的往往更多。有了「綜觀全局」的能力，自然而然就

能更全方位的思考，而不會像強迫症一樣，被小問題卡住，動彈不得。

打造類無塵室，用空間改變強迫心理

在我過去到府收納的案例中，也遇過不少有強迫症的客戶。

其中有一位高階主管，她覺得外面的物品都很髒，購物之後都要用三到五層的垃圾袋套起來，回家後還要把東西先放在玄關，不停消毒擦拭，直到覺得徹底乾淨了，才敢安心拿進屋內。但東西長期放在室內也會生灰塵，她又焦慮到重新消毒擦拭，好像沒有停止的一天，直到心力憔悴。

當時，我給她的建議是，請裝潢師傅直接在玄關打造一條走廊。第一道門進來後，走廊上兩側都是架子和壓克力門片，用來擺放她拿進屋內，覺得

「不潔」的東西，進入第二道門，才是她真正的生活空間，這樣就能讓髒污被隔離在走廊上，總之就是讓她的生活空間產生「無塵室」的概念。

這樣的建議聽起來很妙，但神奇的事情就這樣發生了，她怎麼樣都治不好的強迫症，竟然因為這個空間設計，就此安下心來。因為她可以很明確的知道，「髒的東西都在外面」，於是焦慮緩解了，她不再整天忙著消毒，自然就能有心力好好地整理收納。

極度害怕發黴的女孩

最近，我也遇到一位很害怕發黴的女生來諮詢，她的家看起來非常奇怪，所有的家具和物品都以「等距離」散落在空間的各個角落，就像曾經被施展魔法，漂浮到天空中又緩緩落下的感覺。

她說：「我家很潮濕，我怕東西放在一起會發黴。」

我問她：「可是你的櫃子都是空的，為什麼不放在櫃子裡，要把東西隨意堆在地上？」

她說：「我怕櫃子裡可能有黴根，東西放進去會發黴，想說放在外面比較通風。」

更奇妙的是，她會把洗好的濕衣服掛在曬衣架上，然後室內開著除濕機，但旁邊的地上卻有一包包用垃圾袋裝著的乾淨衣服。她說：「包起來的都是乾淨的衣服，因為我怕它們會發黴，想說這裡有除濕機，應該可以把濕氣一起帶走。」

親愛的，這是本末倒置啊！洗好的衣服根本不應該塞進袋子裡，然後又和濕衣服靠這麼近，這樣它們當然很容易發黴啊！總之，我相信「發黴」真的讓她內心產生很大的陰影，但真正的問題是什麼呢？

練習做最壞打算，拿回生活的主導權

我說：「你想想看，為什麼『發黴』這件事會讓你這麼害怕？」

她說：「因為我怕我的香奈兒包包會發黴。」

「那你的香奈兒包包在哪裡？」

「在房間的除濕箱裡。」

「包包在除濕箱，代表它很安全。現在你試著想像一個最糟糕、讓你最害怕的事情，如果你發現香奈兒包包真的發黴了，要怎麼辦？」

「嗯……拿去送洗。」

「對啊！這樣就好！」

這一瞬間，她好像豁然開朗，突然有了勇氣。

我告訴她，先把所有你害怕的情況思考一遍。如果櫃子真的有黴根怎麼辦？全部擦拭過，再除濕就好；如果衣服發黴怎麼辦？大不了全部丟掉重買！如果香奈兒包包發黴怎麼辦？送洗就解決啦！

不過如此而已！是你的焦慮放大了發黴的可怕，但比起發黴帶來的困擾，所有東西都散亂一地、家具不能靠牆、櫃子不能收納，才是讓你生活最困擾的主因吧！如果買除濕機、除濕盒、定期通風，能做的預防都做了，結果還是發黴，就讓它發黴吧！等發黴再來處理就好，沒關係的！因為你早就已經做好最壞的打算，沒什麼好怕的。你需要戰勝的不是黴菌，而是練習面對生活的不確定性。

看起來像囤積症，其實可能是收納高手？

根據我的經驗，有一種人，看起來像有囤積症，卻會把某個他很在意的區域整理得井然有序，這代表他們其實是懂得收納整理的，甚至可能是隱藏版的收納高手！

我的客人裡有一種類型很特別，他們的家裡塞滿各式各樣的東西，早就擠得水洩不通，感覺都要無路可走了，就像囤積症一樣。不過他們很厲害，居然可以明確地說出每一樣物品的位置，應該也可以稱得上是亂中有序。

從「興趣區」開始，先求有再求好

很多人都以為這種人是因為缺乏秩序感，所以環境特別雜亂，其實不然。根據我到府收納的經驗，他們通常都會整理某個特別在意的區域，例如，雖然地上堆滿衣服，但抽屜裡的飾品收納得非常整齊；或者空間堆滿雜物，但書櫃上的書卻擺放得像書店一樣整齊完美；也有的人家裡堆了成堆的紙箱，但他的公仔展示櫃整齊的像店面一樣。

這表示什麼呢？代表這種類型的人，其實是會收納整理的，但他只整理自己在乎的區域，當物品縮小到「某一個種類」的時候，他就會整理了！所以，先從他在乎的區域開始，先求有再求好，然後慢慢延伸到其他空間。如果他有興趣、在意的區域都有能力細心整理，其他的區域、同類的空間，也能整理得很好。

多鼓勵多讚美，從小處培養收納能力

我先生有一位開修車廠的朋友就是這樣，他的工廠裡堆滿各種汽車材料、輪胎、建材廢料、一箱一箱的雜物，任何人看起來都覺得這根本是囤積症，但是我看見他的工具車，根本是收納高手！

那是一台好市多的工具車，本來只有淺淺的抽屜，沒有任何的分隔層，每次要拿工具的時候都要東翻西找，很難使用。於是他買來泡棉板，自己切割出工具的形狀，讓每個工具都能鑲嵌進去，擁有屬於自己獨一無二的家，就像是珠寶精品展示在鋪上絨布的收納盤上一樣閃亮耀眼，而且需要的時候馬上就能看到工具的位置。

他說：「這些都是我一格一格手工挖出來的，每個工具都有固定的位置，我兩手都在忙的時候，就可以直接跟別人說，『幫我拿第三格左邊那個十二號』，別人就能很準確地遞給我。這些工具收納好之後，工作效率變得很高！」

這就是整理收納的好處啊！他的工具車真的超級完美，我一直讚美他的收納功力，他也非常開心，產生更多信心。因為過去大家只看到他囤積的物品，卻沒看見他其實有能力把這些細節整理得很好，久而久之他也就變得容易自我放棄。

如果你的家人也有這種看似囤積症、卻有某個區域整理得很完美的現象，這代表他其實是會整理的。請先看看他整理得很好的區域，鼓勵他、讚美他，協助他把同類的物品集中，不用要求他一定得一次斷捨離，讓他用自己的步調慢慢地找到整理的手感，其他區域一定也能整理得和他的興趣區一樣好。

購物狂的斷捨離，越來越知道自己真正想要的是什麼

在心裡播下收納的種子，讓它慢慢地發芽。讓從來沒有好好學習過收納的她、原本和「整齊」、「有組織」畫不上等號的她，知道怎麼樣踏出收納的第一步。

轉移育嬰壓力，購物車+1再+1

這次個案的媽媽，兩年前請了育嬰假在家照顧小孩。她的先生每天都很晚下班，也時常加班，當時她抒壓的方式就是購物，對著電腦螢幕一直+1再

+1，買了太多東西，最後倉庫都要爆炸了，買回來的東西也不敢打開，因為根本沒有地方可以放。

後來她們搬了家，這堆未拆封的箱子也跟著來到新家。但新房子的空間比較小、倉庫也比以前小，導致更多箱子必須被放置在公共空間，逼得她不得不正視它們。加上空間格局的分配和以前也不太一樣，搬過來的家具、物品都需要重新調整，否則連走路的動線都卡卡的，讓這位媽媽很頭痛。

搬家後，因為不太適應新家的小空間，她的焦慮感大大上升，加上每天都要準備兩個小朋友上幼稚園的東西，很多東西都還躺在箱子裡，根本找不到。於是，媽媽決定來向我求助，經過多次的溝通，終於喬好到府的時間。

將四散的物品一次集中，直面自己的購物欲

我們的團隊一來到她家，就先把倉庫裡的東西全部拆箱，一箱箱倒出來堆在客廳，評估之後，我們將她家的混亂類型歸類為「購物狂型」加上「物品四散型」。

其中，買最多的就是小孩子的玩具，很可能是因為從小她的父母有些重男輕女，很少買玩具給她。她回想，「印象中，我只擁有過一個娃娃，其他都是積木、車子、飛機這些可以和弟弟一起玩的玩具。」雖然當時沒有想那麼多，但長大後才發現，別的女孩都有芭比娃娃，而自己竟然從來都沒有擁有過。

所以有了小孩後，她開始買一堆玩具，剛開始的確是有一點在彌補自己

的童年，每個玩具都是自己覺得很有趣的，就以為小孩也會想要，其實根本是自已的內在小孩想玩！雖然她的心裡知道，小孩並不需要那麼多玩具，但最後還是一發不可收拾，玩具多到不知道該如何丟。其實她已經在搬家時把不適合小孩現在年紀的玩具都丟了，但剩下的數量還是很驚人。

其他還有購物袋、包包、很多國外漂亮又新奇的療癒小物，因為在家帶小孩無法出門，就從網路代購下訂，擁有它們就好像自己出國逛街一樣，可以享受刺激、新鮮感，還有美美的收藏，可以彌補整天幫小嬰孩把屎把尿的生活。雖然這些瘋狂購物的狀況在她回去職場上班後改善了很多，但是家裡的箱子早已超出自己能控制的範圍。

我們集中的東西，包括大人的包包、購物袋、衣服、玩具、書籍、小孩的繪本，光是小孩的衣服大概就可以堆成二、三座小山，看著客廳一座又一座的小山，這位媽媽真的嚇到了。之前她的先生說她是購物狂，但她自己並不覺得，直到物品全部集中的這一刻，才不得不承認自己真的是購物狂。

只留下現在和未來一定會用到的東西

接著，團隊陪著她開始斷捨離。她表示，因為東西數量太龐大了，如果沒有團隊的陪伴，她自己一個人絕對無法完成。自己一個人斷捨離，一定會被物品的種種回憶和感情牽絆，遲遲無法前進，惡性循環之下，只是繼續囤積下去，家人們可能也只會叫她不要浪費，或者一直念她，不會幫忙處理。

經過二、三個小時的斷捨離後，眼前留下的是現在和未來一定會使用到的東西，而且是符合她們全家人需求的數量。接著我陪著她開始收納，並且決定這些物品擺放的位置，我告訴她，收納時就要想好平時行走的動線，以及物品使用的頻率，然後集中放置。如果是日常消耗品的庫存，可以固定放在倉庫，只要取出當下需要使用的量就好。

播下收納的種子，迎接清爽新生活

結束後，這位媽媽有感而發，「有了這次的經驗，我決定以後盡量保持『一進一出』的原則，並且定期斷捨離。我覺得斷捨離的好處，就是越來越知道自己真正想要的是什麼，尤其是在資訊爆炸的時代，我們常常不小心就被吸引，買了超出自己需要的數量。所以了解自已、找到適合自己的物品，『謹慎購物』真的非常重要。」

她也下定決心，從現在開始買任何東西前都要仔細思考，嚴格審核再去購買，真正需要的物品才能進到家裡。不然一旦瘋狂購物，買了一堆不實用的東西，佔據家裡的空間，想要在網路上賣掉時，才發現二手物品要等很久才有可能賣掉，甚至根本賣不掉。最後大概也只能免費結緣，才能把這些不要的物品請出家門了。

這位媽媽也體悟到需要繼續好好學習，將觀念落實在生活裡，並且以身作則地教給自己的孩子，讓他們不會重蹈她的覆轍，讓全家人可以一起擁有清爽的生活。

找到契機，陪她轉個念，讓長輩斷捨離其實不難

讓長輩的焦點從「家人請人來丟我的東西」，轉移成「家人請人來協助我整理房間」，讓她知道，我們都和她站在同一個陣線，所有的斷捨離都是由她來決定，不要擔心！

鏡頭那一端，七十歲的阿嬤拿著手機和我視訊，看得出來她很緊張，對3C也不熟悉。她一直在研究怎麼對調鏡頭，好不容易才找到翻轉鏡頭的按鈕，螢幕畫面終於切換成阿嬤房間的樣子。

不是丟東西，是把空間變成你喜歡的樣子

阿嬤的房間非常小，可能只有四坪，一張底下有抽屜的單人床，牆邊的置物櫃塞了滿滿的衣服，數量多到一路延伸到半張床舖。另一面的衣櫃已經被各種雜物堵住，還有好幾個已經被物品掩埋的抽屜櫃。更驚人的是，已經很狹小的空間，硬是在門後方掛滿了衣服，又塞了一個斗櫃、兩個三層櫃，幾乎快要疊到天花板，房門已經無法順利開啟，進房時必須側身才能通過。

一般來說，長輩不太可能主動斷捨離，是女兒整整說服了一年，才成功幫她預約的。阿嬤一開始其實有點不願意，最後才勉為其難答應，就在諮詢進行到最後時，她突然哽咽，各種情緒湧了上來，然後哭了起來。「我活到這把年紀，辛苦工作買房，把孩子拉拔長大。自己的範圍就只剩下這個房間而已，怎麼連這個小小的空間，都要被管、被催促整理？」

我其實很能體會她的感覺，就像已經把自己退到最邊緣，還是被家人子女挑剔一樣。所以我試著扭轉阿嬤的想法，「現在房間的東西比較多，對你來說行動上比較危險，我們會幫你重新配置，讓你自己選擇想要的物品，然後再幫你收納好，變成你喜歡的樣子。」

當她的焦點從「家人請人來丟我的東西」，轉移成「家人請人來協助我整理房間」，整個感覺都不一樣了！我想讓阿嬤知道的是，我們都和她站在同一個陣線，我們只負責集中和收納，所有的斷捨離都是由她來決定，不用擔心。

長輩收納到處開戰場，就用「集中」來破解

到府收納的那一天，我們走進阿嬤的房間，終於親眼看到四坪大的房間，

幾乎七十%的空間都塞滿物品，快要爆炸了。我們先把大型家具搬出去，將所有的衣服下架放進袋子，接著雜物也全數下架。整個房間下架完的物品數量，用一覽無遺分類袋裝起來，幾乎佔滿了她的客廳，看起來非常壯觀。

而且我發現，阿嬤不是不會收納，而是太會堆疊。椅子上堆了包包，包包上面又放幾袋文件，接著鋪上一條毛巾，上面再放一些衣服，又鋪上一張廣告紙，再放兩袋菜市場買的小東西。總之層層堆疊，她都記得有買這些東西，但不記得到底放在哪一層。

加上長輩的收納方式都是不停的「重開戰場」，不停換地方重新堆積。例如衣櫥的衣服滿了，就掛到門把上，然後衣櫥前面開始堆放雜物，導致衣櫥再也打不開，乾脆放棄換個地方繼續堆。最後每個地方都是新戰場，每個地方都有類似的東西。

而破解重開戰場的核心方法就是「集中」！當所有的物品放進袋子裡，都可以被量化，例如外套四袋、褲子三袋、衣服八袋、寢具六袋、包包三袋、雜物六袋等等。她一眼就能看到自己到底囤積了多少物品，這一步非常重要！所以當阿嬤看見數量龐大的物品集中在她面前，她真的是嚇呆了！

這個動作除了讓她能徹底盤點之外，更重要的是讓她知道自己真的擁有很多，不用怕斷捨離後沒有衣服穿。就這樣，本來阿嬤滿滿的捨不得，就被眼前這一片袋子海給瓦解了。她開始認真地跟著我們一起斷捨離，最後竟然清出整整十八袋的結緣物品，還有一個掛衣架、一個斗櫃、兩張椅子、兩個電器和非常多的垃圾。也讓她深深體會到，自己竟然和這麼多被遺忘的物品相處這麼久？珍貴的空間都被用不到的雜物給堆滿了。

捨不得，是因為每件物品背後都有故事

陪伴長輩斷捨離的過程，我也發現他們其實更希望有人能聽聽物品的故事，「這是我媽媽買給我的洋裝，你看看當年衣服的料子有多好！」、「這是我去京都買的心經T恤！」、「這些都是我女兒出國買給我的包包」。每一樣捨不得的物品背後都有她想說的故事，在她分享出來後，這件物品就能決定去留了。甚至整理到最後，她越來越果決，「這幾件都不用，我留這件就好。」

阿嬤的房間小，本來的衣櫃顯得很壓迫，所以我們把門片拆掉，換上合適的透明抽屜櫃，東西一目瞭然，變得非常好用。原本的美妝品和藥品，有些堆在檯面上、有些塞在櫥櫃放到過期，還有一堆零碎的文具、飾品等等，看起來雜亂也不好找。剛好團隊裡的MU是數學高手，計算好整個空間的大

小，買來很多ＩＫＥＡ的小抽屜，組成一整面牆的小物收納空間，尺寸絲毫不差，堪稱完美！這絕對是強迫症會讚嘆的地步！

看著乾淨整齊、閃閃發光的房間，每一樣物品都有自己適合的位置，阿嬤真的非常滿意，她突然覺得自己的決定是對的，她終於有一個最適合自己的房間了。聽說隔天她還傳簡訊給女兒，感謝女兒花錢請我們去協助她，讓她有一個清爽的房間，以後她再也不會堆積雜物了。

其實陪伴長輩斷捨離真的不難，只是需要一些契機，而我們就是能夠走進長輩心裡的囤積終結者！

家裡大改造，整個人氣血通暢，無限快樂！

有時候會想，我是台灣第一個到府收納整理師，服務至今仍然堅持站在第一線，因為我是真心想幫助每一個家庭脫離雜亂。

這些年來，我走進過很多人的家，也接過很多困難的囤積案。無論每一個家多亂、多不容易，我從不挑剔，因為對我而言，每一次都是挑戰；而且對屋主而言，他們要鼓起多大的勇氣，才有辦法把家裡真實的樣貌呈現給陌生人看。所以，我不怕髒、不怕亂、不怕蟑螂老鼠，只怕遇到「不想丟東西的人」。

囤積，其實是匱乏

這次遇到的這位媽媽很喜歡囤積物品，從衣服、生活用品、塑膠袋、紙袋、包包、清潔用品，所有想得到、看得到的物品完全超量。因為她每一次買回來，就堆在角落然後忘了，明明產品上有註明日期，寫了也等於沒寫一樣。這些東西早已堆積成山，滿到天花板，走不進去也拿不到，家人日復一日過著委屈遷就的日子，常常引發爭吵。

其實「囤積」是一種「匱乏」的心理。面對囤積的客戶，我們不輕易丟掉任何東西，而是將所有物品集中到客戶的面前，讓客戶親自挑選。因為面對囤積的人，不能一次把東西丟光、送光，他會因為內心不安再去購買更多東西填補回來。所以團隊進到她家後，將所有抽屜全部倒出來，開始大量集中分類，讓媽媽先看清楚自己到底擁有多少東西。

超市陳列法，善用「集中」的力量

面對幾百個紙袋、塑膠袋，她很驚訝：「我有這麼多嗎？」眼前有一百多個包包，她傻眼地說：「可是要用的時候我都找不到。」還有八十多雙褲襪，她不可置信地說：「原來我買了這麼多！」以及大量購入卻放到過期好多年的個人清潔用品，包括洗髮精、沐浴乳、洗面乳、清潔劑等等，每一件物品都是金錢。

我們先重新規劃抽屜櫃的物品，把還沒有過期的物品集中擺出來，這就是我常說的「超市陳列法」。讓她每天都能看到自己這座「寶雅」櫃子上，擁有二、三十瓶卸妝油、洗面乳、洗髮精等等，用集中的力量約束自己過度購物的行為。

一開始，媽媽總是找各種藉口想要留下物品，到後來她的堅持突然瓦解，她體悟到自己買了這麼多、留了這麼多，還把家裡堆成這麼擁擠其實並不值得。於是，她越清理越上手，「那個結緣」、「這些都不要」，一個客廳我們就清出三十多包垃圾和回收物，還有好多袋結緣品。

原本大家走過擁擠的客廳都會撞在一起，空氣混濁、氣場淤積嚴重，到最後變得乾淨整齊，地面甚至閃著亮光，氣場非常舒服。媽媽開心地對我們說：「清理東西好暢快，可以給有需要的人也是做功德，而且家裡變得好舒服，你們這個工作真的是在做善事幫助別人。」

聯想性收納法，明確掌握物品位置

後來，媽媽學會我教她的「聯想性收納法」，收納盒、櫥櫃上不需要再籤註明，她就能直接說出「我的配件在第一排倒數第二個抽屜」這樣確切的答案，代表她已經真正了解「收納」和「收好」（其實是囤積）的差異。

對我而言，「整理」不是大量丟棄東西而已，而是願意真正面對自己，「收納」不是把一堆東西放進抽屜就好，也不是把看到的物品擺整齊而已，而是針對自己真正需要的物品做出取捨。留下的物品也做到有效的數量控管，然後配合生活動線和需求，打造出自己順手的擺放方式。

任務完成後，媽媽超感動地擁抱了團隊的每一個人，不停地說著謝謝。後來，我收到她寫的一張紙條：「老師，謝謝你教導我正確的收納觀念，一生受用無窮。看到家裡的大改變，整個讓人氣血通暢，無限快樂，非常感恩。最重要的是好好保持下去，謝謝你。」

紙條上滿滿的感謝，讓我真心覺得我的工作很有意義，我不是幫你收好而已，而是幫助你從「心」開始面對環境，教你如何靠自己的雙手學會收納。我想告訴還在囤積深淵中痛苦的人，想要改變，一定要下定決心！不用怕家裡太亂被拒絕，因為我是收納急診室，別人接不來的我都可以，只要你願意，直接來找我，我一定能幫助你！

part 3

安全，才能在獨立的空間中體會幸福

了解自己對生活的渴望，讓空間和人一起成長

居家收納會隨著人們不同的生活時期、不同的人生階段的需求一直改變。如果有一天，你對這個空間感到無力時，很有可能是你的收納方式需要調整了。

改造空間，回應當下的生活需求

以前，我家的客廳有電視、有沙發，就像一般人家裡的配置。後來我意識到生活需求的改變，決定開始斷捨離。陸續送走電視、沙發、茶几，唯獨

電視櫃遲遲放在那裡沒有處理掉，原因是先生還無法釋懷，而且他覺得沒有地方可以放那些賞心悅目的香水。

經過討論，我們終於達到共識，決定客廳和小孩房都需要徹底改造，他終於願意讓我把電視櫃送人，畢竟舊的不去，新的不來。於是我趁著這次改造，又送出電視櫃、雙人床、床墊、床底收納櫃。當這些舊家具離開我的家，新的家具搬進來，我感覺不只是改造空間，連人生也跟著大改造。

現階段的我需要工作室，於是我打造了最棒的辦公區域。

首先，我們用一張書桌和另一張 L 型桌併在一起，變成專屬的工作空間。先生很在意的香水櫃，剛好可以放在 L 型桌的旁邊，隨時都可以好好欣賞它們。筆記本、文具等物品都收納到書桌下方的文件櫃，桌面上不放太多物品，可以幫助我在工作時專心。

動靜獨立、透明收納的小孩房

我在直播裡曾說：「小朋友的空間劃分一定要明確，讓他們知道什麼區域做什麼事情。」所以我用動靜分開的原則，將遊戲區和閱讀區劃分開來，讓他們玩的時候認真玩，看書的時候認真閱讀。

而現階段的孩子需要自己的空間，我也用完美主義打造了最棒的小孩房。

原本的小孩房用的是很佔位置的雙人床，所以我一直在尋找適合的上下舖。我不想要看起來太笨重的設計，也不喜歡攀爬型的樓梯，怕小朋友會踩空，找了很久終於看到滿意的款式。樓梯的設計很安全，放上籃子就能收納玩具，他們要玩的時候會整籃拿下來，玩完再整籃放回去。

下舖我一樣放了嬰兒床，但我思考的是，如果衣櫃和嬰兒床都放在靠內側的位置，大人就必須常常彎腰，才能抱小孩和拿衣服，而且很容易撞到頭，使用上不太方便。所以我把嬰兒床轉個方向，改成橫向擺放，多出來的交錯位置剛剛好，大人站著就能從側面抱孩子。再來，我把抽屜櫃放在靠外側的地方，裡面放進小桌子，設計成孩子的秘密基地，看了很礙眼的大型玩具收納在這裡也比較不佔空間。

孩子的衣服也有明確的規劃，最下方有三個籃子。一個是玩具暫放區，收不完的玩具可以先放在這裡；另一個藤籃專門放穿了一次的衣服；白色籃子則是放已經不穿，準備要送人的衣服。上面是吊掛區域，孩子可以自己拿取；更上層則是收納他們換季或大一點才會穿的衣服，最上方則是浴巾、泳衣等物品，這些都用透明收納，一目瞭然。

過去，小朋友的書包，還有冬天回到家就脫掉的外套，總是讓我很困擾，我也決定利用衣帽架解決這個問題。衣帽架上方掛大人的外套，下方就搭配S型勾，讓孩子一個動作就能掛好外套和書包，養成回到家自然就會歸位的好習慣。

了解自己對空間的渴望，你也能輕鬆整理！收納，真的是一件很美好的事！

用拍照代替收藏，聊聊我家的收納教育

真正的創作，不在於一定要留下什麼，而是擁有當下那個瞬間的感動就足夠了。

我到府整理的時候，很多人會問：「家裡有很多小朋友的作品，都堆到快滿出來，到底要怎麼取捨？」但每次要他們斷捨離時，爸爸媽媽們又捨不得，甚至難過得流下淚來，到底該怎麼辦呢？

一整個房間，都是孩子十三年來的作品

這讓我想到曾經去過一個家，他們家裡有一整個房間都拿來放小朋友的作品。從黏土、繪畫、陶土、勞作、手工藝，甚至是小朋友從幼稚園到現在的學習檔案、美術畫冊等等，各式各樣的作品用N個紙箱堆疊成一道道的牆，塞滿了整個房間。

當時，我們打開一箱箱的作品，媽媽捨不得的說：「這些都是小朋友從小的心血結晶啊！」我沒有說話，而是直接請這個孩子過來，自己篩選她的作品。這個「小朋友」已經長大成十三歲的青少年了，看到這些作品，她只瞄了一眼就說：「這些都不用了。」

聽到這句話，媽媽好傻眼，她以為最珍惜、最捨不得把作品丟掉的是孩

子，所以用一整個房間的空間存放了十三年，殊不知孩子根本不想要！其實，真正放不下的是家長。

拍一張照，留下最美好的瞬間

很多時候，就算每一個作品都寫上年齡和日期，例如「妹妹三歲畫的，108/8/8」。

但隨著時間過去，事過境遷後再回頭看，往往看不出來她當時到底在畫什麼，想不起當時的情境和記憶，也想不起這件作品的故事。

但「照片」就不一樣了。我的孩子馬鈴薯現在就讀中班，創意無限的她會畫很多很多畫給我，也會從學校帶回各式各樣的作品。每一次她把作品拿給我，我都會很高興地聽她分享創作的故事，然後幫她和她的作品拍一張照，讓當時最可愛的她和最棒的作品保留在那個瞬間，把這個畫面儲存在心中，這樣就夠了。拍完照片，孩子也能輕鬆斷捨離她的作品。

例如有一次五歲的馬鈴薯畫了一隻很漂亮的美人魚，我聽她說著美人魚的故事，然後很開心的幫她和作品拍照。後來再拿出來回顧時，我就會回想起這個瞬間。而且對孩子來說，真正寶貴的不是作品本身有沒有被留下來，而是她創作的當下，你給她最真誠的肯定。

做孩子的模，斷捨離從父母開始

我一直覺得，孩子的作品和食物一樣，都有「賞味期限」，而最棒的賞味期限就是當天。當他完成作品的那一刻，你幫他和作品拍一張照，也可以用錄影的方式，讓他說說作品的故事，問問他為什麼要做這個東西？他是怎麼完成的？當孩子像被採訪一樣，隆重地發表過他的作品後，他就可以很輕鬆地斷捨離。而且拍照或錄影留念，隨時都能再拿出來回味。

很多家長都會抱怨孩子不願意丟東西，但請你在煩惱之前先看看自己，你是不是什麼都想留下的人呢？孩子是不是承襲了你念舊的習慣呢？想要改變孩子，父母就要以身作則，在你斷捨離自己物品的同時，可以順便教導孩子，「這是媽媽以前寫的筆記，但現在我不需要了，所以可以回收了。」這麼一來，孩子也會學你，「這是我小班的課本，現在我大班了，可以不要了。」

孩子是模仿大人長大的，希望孩子學會整理收納的同時，你要更努力地做給他看！

每個人都會有收納迷思，有時請傾聽孩子的需求

親子整理時，唯有孩子願意給我們建議，而大人也願意敞開心胸接納，才能一起打造真正適合親子共用的空間。

那一天，我成了理智斷線的媽媽

當小孩很安靜的時候，一定是在搗蛋！相信每個爸媽一定都有這種經驗。走進房間，嬰兒床裡都是書籍，還有一堆破碎的雜誌架，我嚇了一大跳，理智線瞬間斷裂。

「是誰弄的？」我急著問。
「我和妹妹……」馬鈴薯知道自己做錯事，很小聲地承認。
「為什麼會變這樣？」
「妹妹把書拉出來，架子掉到地上破掉了，我們就用腳踩破。」
「你知道架子破掉會割傷人嗎？為什麼還用腳踩？」
「我們只是覺得很好玩……」
我真是不敢相信自己的耳朵，他們居然覺得反正架子破掉了，乾脆就把它踩碎。這時候我無法抑制心中的怒氣，很火大地打了他們一下。
「你覺得媽媽為什麼很難過？」我很失望地問他。
「因為我把你的東西弄破了。」
「東西壞掉就可以繼續破壞它嗎？如果你的衣服破一個洞，我就把整件衣服剪碎，你覺得怎麼樣？」

「我會覺得很難過……。」

「媽媽氣的是這個破掉很危險，你還帶著妹妹一起玩，如果你們都受傷了怎麼辦？」

他們站著哭成一團，生氣的我離開房間，彷彿覺得自己的心意被踩碎了，同時也害怕他們下次有樣學樣，真的受傷了怎麼辦？

媽媽，其實我有話想說

下午我們一起去了公園，公園裡有一個像傳聲筒的大喇叭。

「媽媽，你在嗎？」馬鈴薯爬上山坡，用上方的傳聲筒說。

「我在。」我用山坡下的傳聲筒回答。

「媽媽，我以後不會再破壞你的東西了，可是我想要換位置。」

「換什麼位置？」

「我想要把鋼琴放在嬰兒床旁邊，這樣妹妹就不會去拿書，書放在桌子下面就好。」

聽到這些話，我還沒消化完的怒氣瞬間瓦解。我開始懺悔，在整理的過程中，明明很多事情都有詢問他們的意見，依照他們的身高、使用習慣去調整動線。卻一直卡在一個迷思：「書要放在書櫃裡。」

就是因為我堅持書要放在書櫃裡，結果妹妹從嬰兒床上很輕鬆就能拉到雜誌架，然後把書弄倒。而馬鈴薯的建議，是把桌子下的鋼琴換到嬰兒床的旁邊，讓妹妹拉不到東西；書也不用放在書櫃裡，而是直接用雜誌架收納在書桌下，他們要看的時候可以自己拿取，而且有雜誌架隔開，書也不會東倒西歪，他們就能輕鬆歸回原位。

每一次斷捨離，都是自我覺察的好機會

回到家，我照著她說的重新調整動線，果然很方便，也更適合她們！這時候我突然湧現滿滿的歉意和感恩，抱歉的是我因為收納的盲點，忘記從孩子的角度思考；感恩的是她願意分享自己的想法，幫助我破除收納迷思。

親子整理時，唯有孩子願意給我們建議，而大人也願意敞開心胸接納，才能打造真正適合親子共用的空間。這次的經驗讓我徹底反省，也學習到很多。其實不只是親子，也許家人之間也會發生這樣的狀況，如果你也和發怒的我一樣，不妨先冷靜下來，好好地聽一聽他們不願意收拾或常常亂放物品、把東西弄壞的原因。

斷捨離的時候，也可以覺察自己的難過、不悅、焦慮來自哪裡。有時候你會發現，一廂情願地給予，如果不是對方真正需要的，就很容易造成衝突和誤會。這時候，記得提醒自己，適度地做出調整和改變，讓彼此達到共識，對空間、對關係都會更好。

謝謝馬鈴薯讓我上了一課。

為居家辦公超前部署，大人小孩一起使用的理想客廳

大家在進行居家整理之前，一定要先想清楚，你想要過怎麼樣的生活，才會知道該怎麼收納整理。

之前因為疫情，大多數的時間都待在家裡。我有一個很深的感觸，就是非常非常感謝自己當初的決定，讓全家人可以擁有這麼舒適的生活和工作空間。

一開始，我也和多數人一樣，覺得「客廳」一定是大家印象中那個樣子，

有沙發、有電視櫃。但後來我仔細思考，發現對我而言更重要的是我們一家人「當下」需要的空間。我需要可以直播和辦公的空間；孩子們需要可以畫畫玩耍的空間；比起佔位子的沙發和茶几，我更需要自己的辦公桌、孩子們更需要屬於他們的小書桌，還有最寬闊的活動空間。

突破既定框架，打造可以跑跳的客廳

當我了解這樣的需求，把電視、沙發、茶几全部送人之後，就開始面對空無一物的客廳著手改造。除了我和先生的辦公桌，再換上白色的大書櫃，將所有的書籍統一收納，旁邊擺著孩子們的小書桌。

最棒的是，我們有了一個超大的空間可以靈活運用。我們可以在地上玩拼圖、排石頭，甚至可以跑跑跳跳、踢足球，還可以騎著腳踏車繞來繞去，這些都是一般的「客廳」做不到的。

我把防疫期間，針對居家辦公的整理收納重點歸納如下：

1. 減少大型家具：沙發、茶几、電視櫃都撤走之後，客廳的空間真的變大很多，使用起來也舒服很多，有更多規劃的可能性。
2. 統一家具顏色：就算是不同廠牌的家具，最好可以統一顏色。我選擇以白色為主，整體的空間視覺看起來就很清爽。
3. 區分大人和小孩的活動區域：因為大家都待在家裡防疫，大人小孩時常待在同一個空間，但為了避免彼此的活動被中斷，可以讓大人和小孩的桌子背對背擺放，比較不會影響對方。
4. 淨空桌面：小孩的畫筆、美術紙、作業常常堆在桌上，看起來會很凌亂，可以利用細縫推車，把桌面上的東西收納起來，需要用到的時候再拉出來使用。

5.發揮巧思改造：因為我時常需要直播，每次都要組裝燈光很麻煩，所以先生幫我把書桌打洞，讓直播架直接穿過桌面，和桌子融為一體，使用起來就更方便。

6.善用收納盤，手機不跳樓：手機放在桌邊充電，常常不小心勾到就掉下去。我利用透明的收納盤，把手機統一集中，不再擔心它們掉下去。更棒的是，使用收納盤後，自己會更有意識，使用手機的時候也會更謹慎。

我很感謝自己當初做了這樣勇敢的決定！對我而言，這樣的理想空間，才是真正的空間最大化。讓現在的我們，可以認真活在當下，每一刻、每一秒都將空間善用到極限！

面對日常慣性炎，想改變內心，先改造環境

當收納整理的方向對了，整理就是一件很療癒的事情。

我真心的覺得，選擇環島實在太幸福了！能夠沿路欣賞各地美景，同時透過工作幫助需要收納的家庭，還能和許多對收納整理有興趣的朋友透過分享會面對面交流。

對生活日漸麻木的無力感

這一天，我來到花蓮吉安的一棟透天厝，這個家庭的夫妻都是上班族，先生通常下班比較晚，週末也時常要值班；幾乎都是媽媽在照顧孩子、處理家務。面對永遠做不完的家務，她有很深的無力感。

其實她每天的壓力也很大，白天工作賺錢，回到家還得盯小孩的功課、哄小孩睡覺，就算再累，還是得用最後的體力把家裡收拾整理乾淨。難得的休假，她也很努力地想把家裡整理好。但她說：「明明收拾了一整天，卻看不太出來，而且很快又恢復原狀。」

這位媽媽，就是像我常說的「日常慣性炎」。對生活、工作、家人，甚至對自己都感到麻木，整天從早忙到晚，卻不知道日復一日的生活意義何在？

我鼓勵她，「改變環境是改變內心最快的捷徑」，於是我們開始一起動手，整理這個空間超大的家。

改造動線錯誤的空間，不再處處遷就

環顧四周，這個家其實是「動線有誤型」的空間。因為物品擺設和功能的設定不正確，導致使用的人只能四處遷就，最後家裡的每個空間都變成複合式，好像什麼都是，又好像什麼都不是。

於是我們一起重新規劃，原本一進門就會看見一張壓迫感很重的大餐桌，旁邊堆了滿地的包包，現在移動到吧台旁邊；同時把吧台旁多餘的玻璃茶几迅速送出，視覺就變得協調許多。

接著把孩子們的玩具全部拿到二樓閒置的房間，用原來的木架擺放包包，孩子寫功課時也方便拿取書包。樓下的書櫃也重新規劃成閱讀區，媽媽在工作時，孩子可以在旁邊看書。

媽媽把一直想清理掉的床架快速地送出，我們將空間重新規劃成小孩的遊戲間，也把原本放在主臥的小朋友衣服一起規劃進來，未來就可以直接變成小孩房。接著，我將原本閒置在三樓的電視櫃改造成孩子們玩樂高的平台，櫃子的抽屜也變成停放火車的秘密基地。

至於三樓閒置的房間，我二話不說規劃成媽媽專屬的興趣房間！讓長期失去自我的媽媽有一個自己專屬的小天地。我們把原本放在浴室前、超高的鐵架拆成兩座，再把客廳的電腦桌、在主臥門口的書櫃都搬過來，這裡就成了媽媽的工作室、休息室和興趣區。

因為只有一天的時間，我只能先規劃空間和動線大致的雛型，還沒有具體完成，媽媽已經感動到不行。而且有了每個房間主要的架構，她完全知道自己該如何整理及運作，腎上腺素像被激發一樣，笑著說：「天啊！我第一次整理得這麼過癮！」看著她的表情，我很開心能幫助這位媽媽找回自己。

幸福環島，成就最美的相遇

結束收納後，晚上我趕去黑鯨咖啡館的分享會現場。花蓮飄著綿綿細雨，本來預期只有少少的人會來參加，但現場竟然擠滿了二十多人，花蓮粉絲的熱情讓我好感動。在這麼溫馨的場地和美味咖啡的陪伴下，分享了許多有趣的事情，大家都好認真，聽得津津有味。

現場有一位粉絲問我：「媽媽很愛把我丟掉的東西撿回來，怎麼辦？」

我告訴她，「你就立刻PO網送人，然後告訴媽媽你賣掉了，再給媽媽一點錢。」結果她說：「可是媽媽就在我旁邊。」我簡直糗到無地自容，但坐在一旁的媽媽竟然開心地說，「給我錢這招可以！」大家聽了都笑到不行。

從收納到分享，這一整天過得相當充實，你們都是我在花蓮最美的相遇，再一次覺得選擇環島實在太幸福了！

家就是內心的縮影，透過居家整理，找回空間與關係的平衡點

斷捨離，是放下那些對過去的不捨，專注在這個當下，請把焦點放在「你們想過怎樣的生活？」

「兩個小孩的東西到處亂放，家裡每個房間都是他們的物品，要他們收拾，他們也做不到。我走到哪，他們就跟到哪，東西就跟著到處蔓延，全家只有我一個人在整理，怎麼樣都收不完，真的好累。」鏡頭的另一端，媽媽述說著她的煩惱。

大人小孩都需要明確的空間分配和收納界線

其實，一走進空間就能看出他們的問題。這是一棟兩層樓的大公寓，樓下的玄關擺了一個大櫃子，但是櫃子不好使用，東西放進去之後就再也不想拿出來，就像一個封印的空間，於是小孩的球、鞋子、物品到處擺放，玄關變得很擁擠。

一樓到處都是小孩的東西，客廳沙發散落著孩子的書籍，餐廳裡一箱一箱都是孩子的玩具，小孩的房間也堆著他們小時候的衣服和物品。走到二樓也一樣，每個空間都被小孩的物品佔據。感覺這對父母因為愛，讓出所有的生活空間，但小孩卻無所適從，覺得沒有一個真正屬於自己的空間。

很明顯的，這個家的「空間分配」不明確，每一個地方都變成複合式的使用。每一個房間都像小孩房，卻也像儲物間，導致家裡明明很大，卻生活得很擁擠。加上「收納界線」模糊，大人的衣櫥有小孩的衣服，小孩的衣櫥有大人的包包，大人小孩的東西都混雜在一起，沒有明確的空間劃分，也沒有精準的收納位置。難怪媽媽怎麼收都徒勞無功，也難怪孩子怎麼樣都無法物歸原位。

自己的空間自己收，讓孩子養成好習慣

我和團隊先把玄關不好使用的櫃子送出，再把旁邊的鐵架挪過來，當成開放式的收納櫃。因為看得到，才會想要使用！外出用品都收納到無印良品的小抽屜中，出門前馬上就能找到，一目瞭然。

接著，我們一起把大人和小孩的物品全部下架，從頭徹底劃分，同時重

新規劃空間使用。我建議媽媽，「直接把上下樓層清楚區分，樓上的休息區和主臥室是大人的區域；樓下的公共區和小孩房是孩子專屬的區域。」上下樓分開使用，變得直覺又簡單！我也詢問兩個孩子，「想要怎麼樣的房間？什麼樣的收納方式對他們來說比較好用？」

接著我們徹底大搬風，先把所有的小孩物品都集中到小孩房，再把房間裡的格子櫃拿出來當成隔間櫃，讓客廳有界限的劃分。動線改變後的客廳變得寬敞明亮，一家人又能坐在沙發上一起看電視。而原本散落在沙發上的書籍全數收納在書櫃上，看起來就像圖書館一樣。這樣一來，客廳變成靜態閱讀區，小孩房則是動態遊戲區。

無論小孩房裡面的玩具再亂，只要拉上房門，眼不見為淨。畢竟他們已經十一、二歲了，一旦擁有自己的空間，就應該學會自己收拾，媽媽只要把整堆物品放回小孩的房間，就任由他們處理，就算他們不想收也沒關係，只要維持玩具不要出現在公共區域，一切就很完美。久而久之，孩子也會明白，「媽媽現在不會再幫我收拾了，我必須自己整理自己的房間」。

我們把二樓的書房設定成儲物間，還偷偷布置了一個小角落，讓爸爸媽媽有點累的時候，可以坐在這裡，靜靜地看一本書。原本主臥室旁邊有一間嬰兒房，明明小孩都長大了，嬰兒床卻還留著。於是我們把櫃子搬上來，把嬰兒房打造成更衣間，讓洗澡、穿衣的動線一氣呵成，原本閒置的空間能這樣活用真好！

放下「過去」，為「現在」勇於抉擇

在斷捨離的過程中，我發現媽媽遇到障礙，她對自己的物品都很果決，很快就能決定去留，但遇到小孩的物品就卡關。她總是捨不得丟掉孩子小時候用的東西，無論是小時候的衣服、玩具、勞作等等，一下擔心小孩還會想看小時候的書，一下擔心他們還會想玩小時候的玩具。

我告訴她：「其實你不是擔心他們會想念小時候的東西，你是放不下他們過去那麼可愛的樣子，現在的他們已經快變成青少年了，越長越大，也離你越來越遠，你還沉浸在他們很可愛的幼兒時期，其實一回神他們早就長大了。」

重點不是這些「過去」的物品，而是「現在」你們對於空間的需求。你希望讓這個家恢復功能，孩子也需要自己的空間，所以放下那些對過去的不捨吧，專注在這個當下，把焦點放在「你們現在想要過什麼樣的生活？」。唯有如此，你才能做出抉擇。

家長是一個家庭中的主要整理者，這個家的空間規劃應該由你決定。當你明確劃分出界限，清楚訂出規則，孩子才會去依循，整個家才會重新建立秩序感。你可以把一些選擇和決定授權給孩子，但孩子的選擇和決定必須建立在你訂定的範圍內，這樣全家人才有辦法一起維持空間的使用界線。

爸爸媽媽幸福了，孩子才會更幸福。家，就是你內心的縮影，也表現出你們親子之間的關係。透過居家整理，全家人一起找回空間與關係的平衡點。祝福你們一家人，從此在乾淨的空間裡幸福生活！

下定決心讓空間大瘦身，從此收納幸福！

從事到府收納這麼多年，我最喜歡什麼樣的客戶？答案是「有決心」的人！

從跳坑到棄坑，被手作興趣塞滿的空間

這次遇到的這位媽媽，就是有決心的代表。她曾經有一段時間迷上拼布和縫紉，花了大量的金錢，買了數不清的布料、零件、工具等等，家裡也有非常多的包包成品，都是她花費時間和精力一點一滴親手做出來的。

以她付出的心力和時間換算成金錢，賣掉根本不划算，但這些都是自己的心血結晶，她不想隨便送人，親朋好友也幾乎都送得差不多了，剩下的成品只能全部堆在一起。明明已經努力整理過了，但東西還是無限蔓延。最後，手作的工作室慢慢地走不進去了，櫃子的門板也打不開了。因為孩子們都已經長大搬出去，家裡只有她一個人，於是漸漸地也把孩子們的房間都塞爆了。

直到有一天，她突然想通，想要「棄坑」縫紉拼布，於是來找我到府收納。她果決地說：「老師，我想把這些東西都送人，我希望所有的房間都能恢復原狀，讓孩子或媳婦回來的時候有房間能睡。」

只要兩個動作，事半功倍的前置作業

針對她的需求，我提供很多建議和方法，她也慢慢有了方向。最後我說：

「你不用再整理了，只要在我們到府之前，把你需要的拿出來集中在一起，不需要的堆在旁邊，這樣就好。」

就這樣，她只做了兩件事：第一，走進每個房間，把想要的東西放進我們的「一覽無遺分類袋」；第二，把決定不要的東西都堆在角落。這兩個動作看似與整理無關，其實會讓我們到府之後的行動如虎添翼！

為什麼呢？因為這兩個動作等於已經做好所有的前置作業，等我們一抵達，把她決定送人的那一堆東西用結緣袋直接打包，馬上拍照、PO網就能原地直接送出，所有動作一氣呵成，超有效率。加上我們的結緣袋共有三種顏色：紙類（白色）、衣服（橘色）、雜物（藍色），結緣的人來取物品時一目瞭然，我們也能立刻分辨顏色和物品，讓他們直接帶走。

光是她事先做的這兩個動作，就讓我們事半功倍，她也整整節省了半天的時間，當然也省下更多費用！

結緣物資出去，迎接福氣進來

就這樣，我們在一天之內結緣出十八袋的物品，包含手作類（大量布料、材料、工具等等）、幼兒用品（衣服、鞋子、玩具、螃蟹車等）、廚房類（保溫瓶、馬克杯、鍋具、碗盤等）、電器類（卡式爐、烤箱等），還有超多裝在藍色袋子的生活用品，都由當地人結緣帶走了。

看著堆在門口的結緣袋一直消失，超有成就感！我們也希望民眾拿走這些東西之後，如果有不需要的物品，可以放入袋子裡，再結緣給下一個有緣人，讓物資一直分享下去。

看到這樣的成果，她非常感激地說：「我是願意斷捨離的，但不知道為什麼就是無法拿出去、無法做後續這些動作，常常整理好一整包，又放在那裡一直拖，你們能來幫我直接捐給需要的人真的太好了！」

她真的很有決心，除了斷捨離十八袋物資，還清掉十幾袋的資源回收和垃圾，整個家就像大瘦身一樣。管理員看著我們忙進忙出，還以為我們在搬家！其實啊，我們是在「收納幸福」呢！

當「神老師」遇見「收納師」，空間與人生都需要斷捨離

我非常贊同神老師說的，人生這樣寶貴，為什麼要拿來應付不對的人事物？如果可以，現在就斷捨離吧！把你的時間、空間、人際關係，徹徹底底地還給自己！

我超喜歡「神老師」！她是孩子們的天使，用各種方式幫助孩子，每次閱讀她溫暖的文字，都能感受到無私的愛。她在各個學校演講幾百個場次，就是為了傳達特殊生融合教育的理念，真的很令人敬佩。

當我看到預約表上出現神老師的名字非常驚訝，立刻跑去和助教ＡＫＩ說：「天啊！是神老師耶！」我們都很期待收納那天的到來。

三噸半的搬家物品不知從何下手，只能假裝它們不存在

神老師說，之前搬家的時候，因為時間緊迫，只能在完全沒有打包的狀態下讓搬家公司先搬了基本生活所需的重要物品，但她和先生光是整理完這些東西就耗盡力氣。先生每天下班都要八點多才回家，假日她有演講行程，先生則是帶女兒去上體操課，僅存的星期天則是兩個人都不想動。

後來終於請搬家公司搬完所有的東西，整整三噸半，只能先暫時堆在車庫裡的小房間，沒想到一堆就是三個月！她每天停完車就趕緊上樓，不敢看那些東西，假裝它們不存在，真的好頭痛。她說曾經有朋友要她分享平常如

何收納，她都不敢回應，其實自己最不會的就是收納……。

就這樣，有一天她剛好看到我的文章，很好奇整理師是什麼樣的職業。她笑說：「到府當天我其實很緊張，亂七八糟的祕密要被別人看見了，不知道自己會不會被嫌棄。還好廖哥看千看萬，根本看不上我這個零頭，沒有當場大驚小怪！」

運用聯想性收納法，打造烘焙興趣空間

神老師每天四點起床，寫文章、做早餐，她已經很善用時間。我很了解職業婦女的辛苦，時間完全被切割，常常想做事卻無能為力。

那天，我們前往她最苦惱的倉庫，她已經買了角鋼鐵架，也把所有物品

都放上去，但因為沒有邏輯，放著放著就忘了，要用的時候找不到，只好重新再買。而且角鋼擋在空間中央，讓倉庫更顯狹窄，東西一堆積就漸漸走不進去了。

評估過現場，我先提出大方向的設定，幫神老師把倉庫改造為烘焙工作室，因為我知道，她真的很需要一個屬於自己的興趣空間。重新調整動線和鐵架位置後，空間變得很大，烤箱就定位後，中間還能放一個烘焙用的中島，以後這裡只擺放烘焙用品，其他雜物和生活備品就集中到儲藏室分類上架。

決定大方向後，我們把倉庫裡的東西全部集中，她的烘焙道具真的很多，包含電器、包裝、盒子、袋子、裝飾、器具等等，神老師一邊斷捨離、一邊檢討自己：「喔！我真的買太多了！」其實，當物品集中掌握後，再用我教她的「聯想性收納法」，將物品歸類放在自己容易聯想的位置，便能馬上知道現在家裡有多少庫存，不會再重複購買。

自己不擅長的，就交給專業的來！

整理完成後，神老師的烘焙工作室變得好漂亮，她說：「簡直就像變魔術一樣，短短幾個小時，竟然幫我弄了一個烘焙室，真是太棒了！」所有烘焙道具和包裝材料都依照類別放到鐵櫃裡，她一打開就能找到東西。電器和烤模也分類收納到鐵架上，整個空間變得很整齊、很療癒，相信她未來一定能在這裡快樂烘焙。

隔天，她就請來搬家公司，把廚房的中部電機烤箱搬到烘焙室，之後只要請水電師傅來接電，再買張桌子放攪拌機、裝台冷氣，就能在這裡開工了！而且把電烤機搬走後，原本的廚房也變得很寬敞。以前沒有空間放電鍋，只能放在客廳，煮飯時會讓客廳煙霧瀰漫，現在也能把電鍋拿回廚房，還給客廳乾淨的空氣了。

老師在過程一直說：「你們太厲害了，要是我一個人，花幾個月都弄不完。」我真心覺得，每個人都有擅長的事情，自己真的做不來就交給專業吧！絕對會省去很多痛苦、掙扎與反覆失敗的時間。

人生斷捨離，把寶貴的時間還給自己

神老師說，她以前看到姊姊的房子整理得非常乾淨整齊，曾經問姊姊為什麼都沒有雜物？姊姊告訴她，台北的房子一坪四、五十萬，拿來堆雜物不是很可惜嗎？說得真是有道理。

透過這次的整理，她也重新審視自己的購物習慣，開始檢討每一次的購物是不是必要的消費、隨時檢視現有的物品有沒有必要留著，如果用不到，就不要留著佔位置。她也分享，人生到了這個年紀，一定要學會斷捨離，不只是斷捨離物品，也斷捨離多餘的交際、虛假的朋友、所有八卦群組、總是負面思考的同事。

「我的人生這樣寶貴，為什麼要拿來應付不對的人事物？我不是白目，也不是不懂巴結，而是不想把生命浪費在虛偽的人身上。」我非常贊同神老師說的，人生這樣寶貴，為什麼要拿來應付不對的人事物？如果可以，現在就斷捨離吧！把你的時間、人際、空間徹徹底底還給自己！

車庫大拍賣結緣，幫阿嬤迅速斷捨離，打造安全獨居空間

和長輩溝通斷捨離需要技巧，結緣的方式也要因地制宜想出妙招。這次遇到一位可愛又開明的阿嬤，我們真的好幸福！

你有沒有遇過一種老人家，為人非常和善、敦親睦鄰，和自己的子女、媳婦感情都很好，人人都愛她！我的阿嬤就是這樣的人，這次去台中收納，就遇到一位和她一樣可愛的八十歲阿嬤。

幫長輩斷捨離，居住安全是優先考量

到府前視訊時，因為阿嬤不會使用手機視訊，我們的助手特地去阿嬤家，拿著自己的手機，陪著她和我視訊，另一端還有阿嬤住在板橋、幫她預約的女兒。

阿嬤以前和兒子、媳婦同住，後來孫子出生，家裡的空間不夠，於是買下隔壁棟，兩棟房子打通，彼此互相照應。現在阿嬤一個人獨居，目前的生活空間中有太多雜物，例如擋住視線的櫃子、感覺要融化的延長線，還有放在板凳上隨時要跳樓的電鍋等等。

根據以往的經驗，當我們問老人家這些東西是什麼？他們通常害怕說了之後會被丟掉，總是會提高警覺地宣示主權，「反正這些都是我要用的！」

但這位阿嬤非常不一樣，她笑瞇瞇地打開抽屜櫃，「這是媳婦以前住在這邊的時候幫我整理的，她很會整理，整理得很好。」阿嬤隨時都在誇獎別人，是超有智慧的長輩。

鏡頭來到陰暗老舊的廚房，堆了非常非常多的東西，兩座超高大的木櫃、三座背對背並排的鐵架，上面塞滿用塑膠袋包起來、密密麻麻的物品。阿嬤有點不好意思地說：「這邊以前都是我先生整理的，有些東西我不知道是什麼。」後來才知道，阿公上個月過世，阿嬤已經把他的遺物整理完畢，真的很了不起！

舉辦車庫拍賣，邀請鄰居來結緣

考量阿嬤的活動安全，我們的第一要務是清理多餘的雜物，重新調整空間的動線。到府的第一天，我們直奔大魔王廚房區域，收納幸福團隊的夥伴都和我一樣熱血，我們最喜歡挑戰這種塞得密密麻麻的空間了。

大家很有默契的大量下架，清掉很多黏膩的塑膠袋、髒紙箱和過期物品，可以使用的東西全部集中到透明分類袋。其中有非常多的鍋子、股東會紀念品、玻璃杯、保溫杯、保鮮盒，我一個個拆開給阿嬤確認，想不到她非常乾脆，只留了不到十個，其他都要送人。

由於這些東西很重，搬運又怕打破，加上阿嬤家比較偏遠，不容易結緣，所以我們的結緣高手玉菁想到一個好方法：我們把阿嬤的椅子全部擺到門口，擺出所有的鍋碗瓢盆，像車庫拍賣一樣。

接著玉菁去這條巷子的每一戶敲門，告訴鄰居：「二十六號的阿嬤在大掃除，清出很多生活用品，有需要可以來拿！」很快的，鄰居們蜂擁出現，玉菁像擺攤一樣招呼大家，東西幾乎迅速被清空，就連資源回收的紙箱和罐子也被附近的阿伯拿走，整台麵包車載得滿滿的。

「請你把要的拿起來」，問這句對長輩更有效

阿嬤留了玻璃罐、塑膠罐、海苔罐等各式各樣的空罐子，我們用最大的分類袋集中之後，拿到她面前請她挑選。以往我們問長輩：「有沒有不要的？」他們通常都會說：「這些我都有在用！」所以我換個說法：「阿嬤，請你把你要的拿起來。」結果阿嬤只拿了五個罐子，其他的都決定回收。

超配合的阿嬤好可愛，我們找出她有四十七把水果刀，莫非她是隱藏的特務？還有二十三把板手和尖嘴鉗，或許她平常兼職水電工？還找出三十幾

捆膠帶，真心懷疑她在五金行上班？我們請她和這些東西合照，她都很配合的雙手比耶，超有趣！

最後阿嬤斷捨離將近九十%的物品，清出一座鐵架、三座塑膠抽屜櫃、兩張木椅、一個床邊櫃、兩個板凳、一個櫥櫃、兩座音響、一個冰箱、一座斗櫃、兩張折疊椅！她是我從業至今，遇過斷捨離速度最快的老人家，真的要頒獎給她！

動線調整之後，整個家變得非常明亮舒服，尤其廚房看起來超級大！阿嬤非常滿意，一直對我們說謝謝，還說要泡咖啡給我們喝。能遇到這麼開明的長輩，我們真的好幸福！也讓我想起我的阿嬤，想對在天上的她說：「阿嬤，我今天幫助了和你一樣好的老人家，她一定會有福報呷百二！」

搬了兩年的家，讓專業的來，兩天內一次搞定！

每個人都超討厭搬家，因為要面對數量龐大的雜物，實在是太煩了！尤其面對惜物念舊的家人，請他們放手斷捨離需要一些方法，這時候不如就交給專業的來吧！

物品沒有減少，無力感不斷上升

這次服務的家庭很特別，他們從同一棟大樓的高樓層搬到低樓層。媽媽覺得自己慢慢搬應該可以處理完，於是以相當緩慢的速度陸續進行。每次鄰居看到他們又在搬家，都非常驚訝地問：「你們還沒搬完啊？」就這樣兩年過去了，舊家還是雜物滿滿的狀態。

女兒實在看不下去了，對媽媽說：「如果一開始就請專業團隊協助，幾天內把搬家搞定，稍微整修後就可以出租了，光這兩年的房租不知道就可以賺回多少！真的不能再拖了！」媽媽被說服了，覺得自己這樣搬下去也不是辦法，因為整理了兩年，東西看起來完全沒有變少，只有滿滿的無力感。

而且媽媽的同事大力推薦我們收納幸福團隊，後來才知道原來媽媽的同事曾經當過我們團隊的小幫手，對我們的整理效率和結緣能力讚不絕口，於是她同意女兒請我們到府，主要的目的是把舊家的雜物清光，淘汰家具和大型物品。

「家人」難說服，「職人」引導更有方向

女兒事前告訴我們，媽媽很念舊，連他們丟掉自己的東西，媽媽都會覺得可惜想要撿回來。所以對於請媽媽斷捨離，她覺得困難重重，很怕卡關。有時候我會想，因為是一家人，難免比較容易沒有耐性，也許換個專業的人來協助整理，媽媽的態度會有所不同，或許會更有方向、更有動力。

於是，我決定採取不同的策略，請媽媽在我們到府的第一天不要到現場。這一天，團隊先處理已經毀損的、可以捐贈送出的；要給媽媽確認的則是先集中，等待隔天我們和她一起挑選。

光是第一天，團隊的結緣高手玉菁，就已經在「汐止人社團」送出大量物品，包含收納品、生活用品、書籍、玩具、抽屜櫃等等。清掉的回收物品

幾乎堆滿他們家的車位，小幫手忙碌到眼神渙散，但每個人都很有成就感，因為整個家的空間越清越多。

善的結緣，從捨不得到甘願放手

隔天我到現場時，家裡的物品已經少了一半，看到這樣的數量，媽媽看起來放心多了，剩下的都是要請她處理的東西。透過我在旁邊引導，她斷捨離的速度明顯加快很多，本來很擔心的女兒覺得真是太神奇了！

當媽媽知道我們會把東西結緣出去，就更能大膽放手，光是衣服就斷捨離五大袋、雜物也斷捨離三大袋，包括小朋友的繪本、書籍，媽媽也都阿莎力送出。就連我也獲得媽媽結緣的娃娃屋，它已經有二十年歷史了，一直被遺忘在客廳角落很可憐。我把它帶回公司，重新整理乾淨，同事再幫忙裝上燈，以後我的笑笑羊就有透天厝可以住了！

接下來，我們開始處理媽媽的大魔王：文件類。我請媽媽授權給我們，只要把她需要的類別挑選給她看，其他的都直接清除，於是立刻清掉好多箱文件，最後看到整理乾淨的家，他們都鬆了一口氣，彷彿完成一件人生大事。我們離開時，他們還有幾件大型家具和兒童高爾夫球桿還沒有送出，妹妹學習我們結緣的方法，也自己在社團貼出資訊，後來也把高爾夫球桿送出了；需要家具的朋友也一口氣把家具載走，真的好暢快！

如果你和這個家庭一樣，因為搬家需要整理收納，自己動手卻效率緩慢，甚至不時卡關，就來預約我們團隊的到府服務吧！有專業的團隊協助，馬上就能看到效果，一次解決所有的問題，還能把那些不需要的東西分享給需要的人，繼續循環沿用下去。

part 4

面對, 才能丟棄麻木的日常生活

收納沒有捷徑，只要用對方法，自己也能舉一反三

只要破除懶惰，突破盲點，並且善用「聯想性收納法」和「收納四步驟」，每個人都能自己完成居家收納，創造更好的生活品質。

從事到府收納教學這麼久以來，我發現有一種客人天生學習力很強，他們本身其實都很會收納，只是需要學習更有效率、更有系統的整理方法。

這類型的客人，通常我只要教他們運用「聯想性收納法」，帶著他們一起整理幾個區域，他們就能舉一反三，自己把其他空間都整理完畢，甚至還

能幫助其他家人，這是我最樂見的。

不要怕麻煩，先下架再重新上架

這次的媽媽是一位忙碌的公司主管，她的家坪數不大，其中有一個和室，平常當作更衣間使用。

這間更衣間很迷你，卻必須容納很大量的衣服，而且她喜歡整齊乾淨，所以花錢買了很多摺衣板和摺衣工具，希望把每件衣服都摺得像書本一樣整齊。只是因為衣櫥不大，也沒有時間好好拿出來分類整理，漸漸的，所有的衣服都堆在一起。

於是我先大刀闊斧地把衣櫥裡所有的衣服下架，請她重新檢視。就像我在直播中常說的，「人都是懶惰的動物」。平常因為懶得把衣服下架，都是掛在衣櫥裡一件一件地翻，自然覺得每一件衣服看起來都還會穿、都想要留下。但是當衣服全部拿下，拆掉衣架，甚至擺在地上俯視時，你會突然很清楚地看見衣服的細節，很可能會發現自己其實不是這麼需要它。

所以當所有的衣服被拿下來之後，她斷捨離的速度變得超快，瞬間就清出好幾袋衣服。我也把剩下的衣服重新規劃，春夏季的衣服收納在一邊，秋冬季的衣服收納在另一邊，她平常就能依照天氣，快速選擇要拿哪一邊的衣服，再也不怕找不到。

從一個房間到一整個家，自己就是收納達人

棉質不怕皺的上衣、毛衣，我們用她買的摺衣板固定，再依照顏色分類，

一看就能迅速拿取，而且抽屜裡變得好整齊、好漂亮，簡直賞心悅目。吊掛的衣服如果放在衣櫃的角落，通常會看不太清楚，我建議她到好市多或特力屋挑選層板燈，以後打開衣櫥，電燈自動就亮了，不用怕找不到衣服。

媽媽很高興和我們一起動手整理，讓本來像黑洞的小更衣間，終於有了屬於自己的收納模式。接著，除了「聯想性收納法」，我也教她「收納四步驟」：集中處理、過濾篩選、正確分類、歸位收納。我時常重複提醒這四個步驟，很希望每個人學會了，都能變通運用到其他空間，自己也能完成居家收納。

就像這位媽媽，也將這兩個方法套用在家裡其他還沒有整理的空間，沒想到從更衣間開始，她突然產生了小花效應，覺得其他空間也不太順眼，於是陸續整理了日常用品和藥品，又整理了搬家後一直很混亂的廚房，包括大兒子的房間，她也舉一反三順利收納完成，還拍照和我分享，真是太感動了！

其實，收納整理沒有捷徑，最笨的方法就是最好的方法。破除懶惰，突破最麻煩的一切，你就會發現：唯有自己能一一面對這些雜物，在收納過程中破解盲點，最後就能迎向最適合自己、而且更美好的生活品質。

無法果決分手？就讓我們先暫時分開吧！

談過戀愛的人都知道，當你對一個人的感情淡了，但又不敢馬上分手，怕自己做出錯誤的決定時，都會用一個滿奇妙的說詞：「我們先暫時分開一陣子吧！」

這句話，沒有直接分手那麼狠，卻很明確地拉出空間和距離，讓彼此有個緩衝，有時間沉澱下來，好好冷靜。也許時間久了，就能知道自己真正的決定是什麼？也許是不愛了，經過暫時分開，感情也比較冷卻了，就能果斷分手。也許是還愛著對方，經過暫時分開，再一次發現彼此在心中的重要性，重新合好後，更能珍惜這段感情。

最適合長輩斷捨離的「暫時分開法」

前一陣子我確診在家，隔離期間二十四小時待在家裡真的非常無聊。但我發現，當重心回到自己身上，可以非常敏銳地注意到自己生活的軌跡，發現我的四周充斥著很多用不到的東西，於是我開始每天收拾這些用不到的物品。奇妙的是，有些東西明明想要斷捨離，心中卻又有一絲不確定，一時間不知道該怎麼決定。因為怕自己是衝動抉擇，一下子丟掉這麼多，之後會不會後悔？

這時，我想起了「暫時分開法」。其實這也是我在教長輩做「老前整理」非常重要的一環。因為長輩通常比我們愛物惜物，怕浪費、怕丟錯東西，其實不必強迫他馬上決定，而是先讓他把這一年可能會用到的東西留下，其他不會用到的分類裝箱。

一來不會讓長輩產生丟東西的抗拒感，二來雜物裝箱了，清出來的空間更能活用，居家動線也會更安全。神奇的是，過了一陣子，那一箱箱堆在角落的箱子不但沒有打開過，甚至就被遺忘了。然後長輩突然主動說，這些東西可以送人了，可見暫時分開真的太有效果了。

先分類裝箱，讓自己冷靜一下

這一次，我自己也用了這個方法，拿出好幾個紙箱，把應該用不到的東西都裝進去。最後累積了衣服兩箱、書一大箱、雜物一小箱，果然，這些東西在我解除隔離後，立刻就決定全部結緣出去了。它們跟著我在家整整兩星期，這十四天內我一次也沒有拿出來使用過，代表我真的不需要它們了，可以好好和它們說再見。

「暫時分開法」讓我在斷捨離的時候更果決、更有判斷力。如果你也在抉擇物品時卡關了，不用逼自己一定要當下做決定，先把那些應該用不到，又不確定該不該丟的東西分類裝箱吧。暫時分開一段時間，你會冷靜下來，然後很可能會發現它在你心中其實不是那麼重要，這時候就能沒有遺憾地好好放手了。

斷捨離後的「心」風景，打造和毛小孩共居的幸福之家

家的樣貌，就是心的樣貌。只要有決心改變，再亂的家都會出現奇蹟！

狗狗離世後，一蹶不振的女孩

她是一位小資女，以前養了一隻大型的米克斯狗狗。養寵物的人要租屋很不容易，好不容易找到適合的房子，她就用最快的速度搬了進去。當時沒

有時間仔細考慮動線和家具規劃，只是一股腦的把東西塞進新家。

結果本來應該是臥室的房間，因為累積太多雜物，再也走不進去，她平常只好委曲地睡在客廳。因為工作時間很長，回到家都累癱了，根本沒有時間整理。加上她兼做網拍，累積的庫存也堆滿了家裡每個角落。

真正讓她一蹶不振的，是狗狗的離世。她很希望能振作起來，但每當回憶入侵，眼淚就停不下來，也沒有好好吃飯，幾乎是痲木地在過生活。妹妹很心疼她，常常來家裡幫她一起整理，但是物品的數量實在太龐大，就像個無底洞，怎麼樣都整理不完。最後妹妹要她預約我的到府收納服務，甚至先幫她出了費用。

煥然一新的家，和毛孩一起展開新生活

那一天，我們抵達她的家，她非常不好意思地說：「家裡真的太亂了。」其實我們已經很習慣了，只要有改變的決心，再亂都會有奇蹟！團隊們立刻分頭進行，我和AKI進入物品早已堆積到爆炸的臥室開闢洪荒；壯丁負責把客廳的大型家具移出去，接下來，就是無止境的分類篩選。

過程中，我們翻出好多過期的寵物零食，她才發現自己到處亂放，最後堆到過期是更大的浪費。也挖出好多還躺在博客來紙箱裡的書，她也承認常常買了書卻根本沒看，只是買一個幻想。於是她也開始下定決心斷捨離，最後我們一起清出非常多的回收和物資，聯絡慈濟的師兄直接開卡車載走。

接下來，我們一起把床搬回主臥室，本來堆積如山，根本連人都走不進

去的空間，終於變成最美好的房間。床頭上整排的書，是提醒她買了書就要看；原本被物品淹沒的桌子也重見天日，讓她擁有工作的地方。

經過收納整理的客廳也是截然不同的風景。狗狗的零食、玩具、尿布也統一集中管理，一眼就能看到庫存，不會再重複購買；狗狗的推車、提籠等外出物品，也一併收納。沙發後方，我幫她用現有的層架規劃出網拍庫存專區，之後要揀貨、出貨都更輕鬆。客廳旁邊則幫她規劃了料理的小空間，讓她能輕鬆下廚。

看著煥然一新的家，我們笑說：「你寄放在朋友家的那兩隻狗狗回來，一定會以為自己走錯地方了！現在變得這麼美，搞不好以後你下班回家，牠們已經煮好火鍋等你了！」

家的樣貌，就是心的樣貌。很開心你維持得很好，並且願意展開新生活。我相信，在天上的毛孩子也會替你感到開心。乾淨的家，一定會有好事發生，相信新的一年，你和狗狗都會更幸福！

從一日一捨開始練習，你一定會找到丟東西的K點！

不想面對那一堆東西也不是一天、兩天的事了，不想整理的時候就放過自己吧！不要勉強自己，休息一下！過幾天，當整理的「手感」一來，擋也擋不住，你一定會找到丟東西的K點的！

那天幫一位長得非常美麗的媽媽做線上諮詢，她說：「我最近發現你的YouTube，聽了之後竟然開始動起來，不停地整理，清掉好多好多東西。而且我真的聽上癮！幾乎把所有的影片都聽完了，甚至有的還重複聽，連晚上顧小孩很累還是堅持聽完，真的學到非常多的觀念，還推薦我的朋友一定要聽！」聽到這裡，我真的感動極了！

整理也是很講究「手感」的！

其實這位媽媽已經是一位模範生了，家裡的物品不但分類清楚，也收納的很好，整體看起來也很整齊，根本沒有什麼問題！但她說還是希望能再精簡一點，她問我：「有時候心情很阿雜，看到東西雜亂的時候雖然想去整理，卻有一股無力感，覺得很煩，而且怎麼樣都收不好，應該要怎麼辦？」

我告訴她：「不想面對那一堆東西也不是一天、兩天的事了，今天就放過自己吧！不要勉強！因為整理這件事也是非常講究『手感』的，當你今天沒有這個興致，硬是逼自己去整理，反而會陷入無盡的沮喪和無力感。」

為了整理而整理，很容易變成反效果。因為整理的過程就是面對自己的時候，看著這一堆雜物，你可能會覺得自己很糟糕，為什麼之前一直亂買東西，覺得這一切真是糟透了！所以，如果你今天能量不好、心情不好的時候，硬是強迫自己去整理，不但整理不好，心情也會更糟，不如乾脆就休息一下吧！

放過追求完美自己，每天一點一滴就好

在《我的家空無一物》這本書裡，作者提到一個觀念：「丟東西也是有K點的。」所謂的K點，簡單來說就是丟東西的開竅時機點。在你找到那個K點之後，丟東西突然就變得非常容易，而且整理的速度會超快速的往上升，這就是我說的「手感」。

當整理的手感一來，那是你擋也擋不住的！而且記得千萬不要停下來！感覺來了就一次做到底！因為只要你一休息停下來之後，要找回那種興致勃勃的感覺就不太容易了。所以放過完美主義的自己，沒有手感的時候就緩一緩吧，過幾天，你一定會找到自己丟東西的K點的！

她聽到這裡，眼睛發亮，露出燦爛的微笑，像是找到釋放自己的方法一樣。「原來我需要的是放過自己！因為每次開始整理就想要做到最好，給自己增加很多壓力，最後反而會對整理這件事感到緊張。」

她的心情我非常能理解，其實在幫她做線上諮詢之前，我一早起來就覺得床的方向不太對勁，於是開始調整床的位置，用盡洪荒之力把床調換之後，突然喚起了整理的手感！牽一髮動全身，就像是連鎖效應一樣，我把之前要結緣的東西快速送出，接著又跑進先生的房間，清出一整個層架，接下來又把客廳所有的物品重新調整，這一連串的動作完全沒有停下來休息，一氣呵成真的很過癮！成果也很令人滿意，完成之後才發現真的好累。

所以想和大家分享，真的不想做、做不好的時候不要勉強自己，休息一下吧！或者試試看「一日一捨」，透過一點一滴的自我訓練，慢慢建立收納的自信心，你一定很快就會找到丟東西的K點！

被困住的靈魂，走出下雨的心，重新迎接陽光

她的每一天，窗外永遠下著雨，就像是無法放晴的心一樣每天昏沉沉地睡著，像掉進一個黑洞，被困在裡面走不出來。一整天什麼事都無法做，被浸在這個痛苦的世界裡，無時無刻滴著水，像是快要溺斃……

你看過《我的藍調時光》這部韓劇嗎？裡面讓人印象最深刻的角色，是罹患憂鬱症的閔宣亞，她每一天的生活，就像是住在一個窗外永遠下著雨、無法放晴的屋子裡，整個人昏昏沉沉，什麼事都無法做。

這次遇到的這個女孩也一樣，她的內心生病了，吃了再多的藥、看了再多的醫生，都無法有效改善她目前的狀況。精神時好時壞，生活能力漸漸喪失，就跟閔宣亞一樣，像是被關在一個巨型泡泡裡，無論再怎麼呼喊，都沒有人能看見自己的孤寂；無論怎麼想改變，都振作不起來。甚至一個不留神，就進入自我否定，被巨大的憂鬱包圍。

在這種時候，會覺得現在的生活沒有意義，每天活著太痛苦，也許死亡才是最快樂的解脫，當她發現自己似乎被這個世界遺忘了，於是開始自殘，一刀一刀割著手腕，看著紅色的鮮血淌出，才能證明自己仍活著，傷口轉移了注意力後，她才能感受到平靜。

無力面對生活讓環境逐漸被髒亂淹沒

進到屋內，我看到十二隻貓、二隻青蛙、一隻蟒蛇。在整理時與她的聊天過程中，才知道這二隻青蛙是去年十月被棄養的；而蟒蛇則是她某位朋友留下來的；其餘的這十二隻貓咪，有些是救援來的、有些是中途找家中，每隻貓咪的狀況都不相同，其中有截肢的、患上白血愛滋的（免疫系統缺陷）、有全身黴菌脫毛的。

這些全部都是被遺棄且生著病的寵物，她接手後，慢慢細心地照料，即便本來的狀態都不好，但來到這裡後，逐漸的都被照顧的很好。她花了非常多的金錢和心力在這些寵物身上，因為她知道人類會有背叛的行為，但這些寵物卻不會，牠們只會靜靜地守護在她的身旁。

而因為這種支持，讓她在遇人不淑、脆弱的身心狀態被摧毀得一蹶不振、家裡的環境變得越來越亂時，願意鼓起最後的勇氣，下定決心面對並發出求助的訊息，經朋友介紹我們來幫忙整理她的空間。

依著使用習慣重新定義空間

一開始我先進行空間觀察，並了解她原來的物品使用習慣，發現本來的空間界定太過模糊，貓咪和人的物品全都混在一起，以致於每個空間都變得雜亂無章，沒有使用上的邏輯與切割。這樣長久下來，最後物品無法有效地歸位，會讓居住的環境變成只是物品的堆放空間，而沒有任何生活品質。

於是，我大刀闊斧地調整所有空間，先定義每個空間，把人與寵物的生活方式以及需要的區域做分割設計。首先，把客廳的一部分規劃成貓咪活動及遊戲的地區，將這個區域的相關物品像是貓跳台、貓罐頭、貓砂盆放進去，並將無關的物品移開。接著，因為主人的主要生活區在主臥室，於是將主臥室規劃為主人的生活區，擺放主人的所有物品；再將另一個空間設計成放置物品的地方。買進兩座角鋼層架，一座收納主人的物品、一座收納所有貓咪的物品庫存，像是貓砂、貓玩具、貓罐頭、藥品等等，一應俱全，再也不怕找不到，廚房也買了新的櫥櫃，作為貓食料理區。

規劃後，她斷捨離的速度非常快，跟著我們一同清掉了非常多的東西，像是大型的床鋪、櫃子、椅子、鐵櫃等等，開始懂得選擇只留下真正需要的東西。看得出來，其實她很早就想把這些處理掉，只是礙於體力和精神狀態，一直被困在雜物裡，無法動彈。終於在我們到來後，彷彿有人伸出了手，拉她走出泥淖，讓她能夠有力氣跟這些雜物說再見。

最後是來到衣物堆放的地方，這裡的衣服已經變成一座座小山，由於衣櫥常常發黴，於是建議主人用開放式收納。當頂天立地的衣架組好後，主人開始迫不及待地把她所有心愛的衣服掛上去，每件衣服都有了自己的空間，在衣架上搖曳生姿。

女孩說：「我本來是很愛乾淨的，每天都把家裡打掃得很乾淨，希望真的能再回到那時候。」看著這個牆壁上的貓毛，甚至都和蜘蛛網結合，形成了橘色的蜘蛛網；而地面上則有很多一團一團的貓毛灰塵，還有散開的松木沙或是乾掉的貓咪嘔吐物。我完全能夠了解，因為生病，讓她無力去面對這個空間的需求與整理。

家整理好了，心情也會跟著變好

在我們全部整理到尾聲時，看見她露出燦爛的微笑，滿意現在這個她眼前的「家」。放出了她的寵物們，貓咪們紛紛跑出來打滾撒嬌，整個家頓時變成貓咪咖啡館一樣，所有整理師開始擼貓，每隻貓的眼睛都瞇成線，空氣中洋溢著幸福泡泡。

在整理過後的幾天，我看見她貼文寫著：「家裡整理好了，我和貓兒的心情都變好了。」

親愛的女孩，憂鬱讓你一蹶不振，但謝謝你勇於求救，讓我們有機會協助你。不管能不能舒緩你的憂鬱症，但我們可以透過乾淨的環境給你安定的力量，加上貓咪給你的幸福，希望真能有機會帶你走出那潮濕陰暗的憂鬱時光。

你的家整齊乾淨了，它就能反過來擁抱你，治癒你所有的傷。下次卡住了，不要厭惡、不要自我否定，別再傷害自己，試著小小整理一下，專注在收納上，那才是讓生命重新啟動的正確方法。為自己創造一個乾淨又幸福的空間，你會發現，一抬頭其實有陽光。

從白開水變檸檬水，從收納活出人生滋味的貼心助教

我有一個超強的助教，她叫怡君，是菜市場名字排行第一。我發現，我認識的「怡君們」都有一個特質：個性溫和乖巧，一不小心太樂群，然後消失在群眾裡。

憂鬱的產後，意外開啟收納之路

在我認識怡君之前，她是一位家庭主婦，殷殷期盼肚子裡的寶貝誕生，對未來充滿美好憧憬，然而在小孩呱呱落地的那一刻起，所有美好的畫面全

部幻滅。她說，最初兩年的育兒生活常讓她感到不知所措，全年無休、日復一日的生活模式，有一股看不到未來的恐懼感，對生活感到無趣、甚至厭惡，做任何事都不順遂，也出現產後憂鬱。

某一個身心俱疲的下午，她坐在客廳休息，這是她獲得短暫喘息的機會，內心雀躍不已。但當她靜下來、環顧四周，簡直不敢相信眼前的景象，「天啊！我家真亂！」後來因緣際會看到我的臉書「收納幸福」，看到裡面分享的收納心得和技巧，讓她感到非常溫暖，「這就是我一直想要做的事，我也始終相信老師說的：『乾淨的家，一定會有好事發生！』」。

成為臉書鐵粉的怡君，不斷從我分享的案例中見證奇蹟，她也慢慢動了起來，開始運用我所分享的收納方法學習整理。雖然剛開始困難重重，但也開啟了她對收納的興趣，「收納為我帶來的改變和視覺享受，是以前的我無法體會的。」當時，請我到府收納的想法也在她心裡萌芽，「我深信老師如果能來家裡一趟，會帶給我和這個家改變！」

斷捨離，終於重新愛上自己

當時，怡君開始搜尋收納的相關資訊，自己一步步開始改造家中的每一個區域。不過她常因為無法妥善安置某一項物品、給予它應有的位置，而卡關陷入迷思。就在這時候，她看到我分享一篇「行動櫃姐」的文章，內心那股想要改造自己的衝動油然而生，於是她鼓起勇氣私訊我，我們也開始有了互動。

她說，因為有經濟考量，原本對到府收納有點猶豫與掙扎，不過事後回想，很慶幸自己的決定與先生的支持。到怡君家的那一天，我先仔細看過她家的整體環境，也提供一些調整的建議，尤其怡君家的廚房收納得非常好，我告訴她，如果把廚房的照片放上家居收納社團，一定深受好評，聽到這樣的肯定，她也非常開心。

她說最想請我協助的是衣櫃，於是我們將衣服集中斷捨離，其中也包括名牌外套。怡君說：「自從結婚、有了家庭後，不知道有多久沒有好好愛自己了。捨不得買好一點的衣服，只想把資源留給孩子和家庭，虧待自己四年之久，已經忘了如何愛自己。透過斷捨離，不僅改變我的穿著，也讓我重新學習愛自己。」

從客戶變助手，透過收納長出信心

我記得剛認識怡君時，她很迷惘，不知道自己想做什麼、也不知道自己有什麼專長。我告訴她，「你就像白開水，大家都能喝，卻少了點什麼。你要努力活出自己的樣子，變成檸檬水，讓自己更有滋味。」

也許是因為她的護理背景，我發現她很會照顧人，學生時代一定是每天被借東西的那種類型。你被蚊子叮，她會從包包拿藥給你擦；你生理期來，她會準備多的衛生棉給你用；你想喝什麼，她早就把你要的甜度冰塊準備好。我覺得這樣的特質太美好了，「照顧人就是你最強大的專長！」

所以後來她問我會不會再開課，想繼續跟著我學習時，我就直接邀請她：「要不要來當我的助手？」她一方面很興奮，不想放棄這個千載難逢的機會，一方面又有點害怕自己可能無法勝任，就這樣開始跟著我實地收納，她也在過程中越來越有信心接受挑戰。

到現在，怡君跟著我一起收納兩年了，我們去過各式各樣高難度的家，她從來沒有喊過一句苦，也從來沒想過放棄。她會看見屋主的需要，適時給予貼心幫助；我們也非常有默契，我正要進行下一個動作，她就已經把東西準備好，人也隨時待命。在這兩年裡，我看見她一點一滴的自信轉變。

把「怡君特質」磨練成職人精神

「這份工作中最大的成就感，來自於藉由收納，讓屋主的內心從紊亂到平靜，最後發自內心地感謝我們。我想我們不只是單純整理混亂的環境，更是藉此整理屋主的身心靈。」怡君說，在旁邊觀察我和屋主的對話，也讓她和自己的內心對話，是幫自己內心重新歸零的好時機。

我真心感謝怡君這位貼心助教，因為我是一個對收納工作非常要求的人，每個小細節都要做到好才算數。她跟著我這幾年、幾百場的收納實作和操練，真的非常辛苦。但她沒有放棄，反而越來越活出自己，我想這就是最強的「怡君特質」，也因為如此，我願意毫無條件地把功夫交給她。

我也想謝謝團隊中所有的夥伴，我需要的人不用「多」，但一定要「精」。所以我非常嚴格要求大家培養紮實的真功夫，我相信這樣的職人精神，才是這份工作真正的靈魂所在。謝謝大家，你們也是我的老師，每一次的回饋都讓我變得更好！

擁有的物質再多，「時間」和「空間」才是最大的稀缺

家，就是一個容器，當物質多到滿溢出來，就會讓人覺得壓迫。其實孩子只需要「剛剛好」的物品，她們更渴望的是愛與陪伴。透過斷捨離，重新找回生活的平衡吧！

前陣子，我和團隊前往淡水，這次的客戶是一位非常忙碌的護理師。她有兩個可愛的女兒，因為接下來肚子裡的老三即將誕生，家裡必須清出空間給月嫂和新生兒使用。

捨不得丟的衣服，只是「不能穿的回憶」

根據我的觀察，這個家其實有很多不平衡的地方。例如她的先生非常節儉，衣服領口都穿到變成荷葉邊，甚至出現大大小小的破洞，還是不願意丟。她自己則是超愛購物的剁手一族，衣櫥裡都是她年輕時期的衣服。她說當年身材好、穿什麼都好看，加上年少無知不懂事，常常去百貨公司刷媽媽的卡買專櫃的衣服。

雖然現在穿不下了，但想起自己曾經那麼瘦、專櫃的衣服又那麼貴，就捨不得丟了，一直堆在衣櫥裡。最後，衣櫥被「不能穿的回憶」塞爆，常穿的幾件反而只能丟在紙箱，堆在主臥室的角落。

我告訴她，這些衣服雖然是專櫃的衣服，但已經過了十幾二十年了，款式也早已退流行，既然現在的身型不適合，不如把它們捐贈出去，畢竟空間才是最珍貴的。最後她終於想通了，用很快的速度清出好幾袋衣服結緣，總算能把現在常穿的衣服放回衣櫃。

找回生活的平衡，有愛的孩子更富足

然而，更讓她卡關的是小孩子的東西。因為生了兩個女兒，很喜歡幫她們打扮，買了非常多的姊妹裝，還有各式各樣的造型衣服，每一件都很難斷捨離。還有塞滿客廳的玩具、教具、成套的兒童繪本和書籍，數量多到都可以開一家幼兒園了。

媽媽說，自己因為工作繁忙，總是希望能買東西彌補孩子，所以這些教具和繪本就是內心匱乏的證據。我告訴她：「買書給孩子很好，代表你重視她們，但是這些教具和繪本大多都需要有大人陪讀，所以無形之中，你給自己更大的壓力。」因為我看到好多書的封膜連拆都沒拆，好多教具也都沒有打開過，甚至目前的家裡，最基本的遊戲空間都好少。

「她們真正需要的，是『剛剛好』的物品。比起這些物質，孩子最渴望、最需要的，其實是你的愛與陪伴！」最後，媽媽把我們的話聽進去了，斷捨離好幾包的書籍和教具，也打包好幾袋小孩的衣服送給朋友，整個空間終於恢復開闊。孩子們回來當然很開心，爸爸也終於能在乾淨的餐桌上工作了。

我想說告訴她，「時間」和「空間」是每個人最大的匱乏。沒有時間，就算擁有再多的書和教具，也沒辦法全部看完和用完；沒有空間，就算你擁有再多漂亮昂貴的衣服，也沒辦法拿出來穿著打扮。這個家，就是你們的容器，當它滿了、溢出來了，就會讓人覺得壓迫，而唯有斷捨離才能讓你們找回生活的平衡。

謝謝媽媽和我們一起努力整理，最終結緣了二十三袋物資，丟掉七袋垃圾、九袋回收物，真的要為她掌聲鼓勵！我相信，把空間整理好之後，這會是一個舒服平衡的家，讓大家開心迎接新生命，未來生活更從容！

斷捨離的收納才有意義，讓我們成為你整理的最後一站

我們團隊主打的就是一定要斷捨離！因為即使把垃圾整理好也只是整齊的垃圾，不丟東西的收納沒有任何意義，我也不幫不丟東西的人服務。

這次的客戶是一位非常認真的媽媽，諮詢的過程中，就感覺得出來她是下定決心想要好好整理。雖然她有大方向空間規劃的障礙，但她對於細節的收納整理非常強，不過也因為太會收了，我們實際到現場看到的物品比視訊

時多出很多，我都笑稱她是堆疊界的人才！

整理收納用對方法，空間才不會無限復亂

其實媽媽以前曾經請過兩位整理師。她說第一位整理師主要是把物品重新歸位，沒有斷捨離，所以東西的數量還是一樣多，房間動線也沒有太大的變動。雖然整理完的當下覺得乾淨了，但使用沒多久又打回原形，結果就是無限的復亂，最後甚至東西都蔓延到地上。

一直以來，我們團隊主打的就是一定要斷捨離！我常說：「垃圾整理好也只是整齊的垃圾。」不丟東西的收納沒有任何意義。當你無限的復亂，就代表物品已經超過空間能收納的容量，一定要斷捨離才有可能回復平衡。所以我在視訊時就告訴媽媽：「你至少要清掉二十包物品，空間才有辦法變得

舒服。」她聽完愣了一下，但馬上肯定地點點頭，說她會努力達標。

她說以前覺得東西都還很新、沒有壞，直接丟掉超級浪費，雖然使用的機率不高，就還是先放著，因此堆積了很多用不到的物品佔用空間。後來請來第二位整理師，讓她知道物品是可以變現的，也找到可以販售的管道，網購不合適的衣服也不再捨不得丟，至少可以幫它找到新的生命，也讓她的斷捨離變得更有動力，不再那麼糾結。可惜的是，她和整理師兩個人的力量畢竟有限，整整花了兩天，還是有些地方沒有整理到。而且當時沒有先集中物品、檢視數量，所以壞習慣還是沒有徹底根除。

物品變現這一點很好，但其實也有缺點，例如購物時反而容易失手買更多。因為心裡想著，反正用不到可以轉賣，最後還是囤積了一箱箱重複的東西，因為很多都還沒有賣出去。我覺得可以把東西換回金錢是很棒的事，只是可能要自我評估，在平常要上班又要帶小孩的情況下，這些東西真的值得讓你花這麼多時間去轉賣嗎？賣掉真的有比較賺錢嗎？比起賣東西，你更迫切需要的是給孩子一個清爽的空間。

集中檢視，才知道自己原來擁有這麼多

到府當天，我們先幫她重新規劃原本卡死的動線，接著把所有物品下架集中，用不到或待售的東西分類裝箱。她說衣櫃是她的大魔王，看到集中完的數量，媽媽說：「太可怕了，我真的不敢看，現在才知道自己的錢到底都花到哪裡去了。」

整理師美琇陪著她一邊分類、一邊淘汰不適合的衣服，她只要決定「要」或「不要」，接下來就由整理師歸位上架。最後留下來的都是她看得順眼、

穿得舒服的衣服，她笑說：「完全不用動腦筋，感覺好像女王！」

因為她是堆疊界的人才，所以現場的東西比預期的多，美琇隔天和兩位夥伴來支援。媽媽也把我說的話聽進去，只留下了真正有價值的東西待售，其他的文具、小物等等全部結緣，最後整整斷捨離二十七袋物品，全數結緣出去。房間就像瞬間瘦身一樣，變得非常好用，媽媽好高興，孩子們更是開心。

空間大瘦身，人生也輕裝前行

媽媽說，這次真心感謝我們這麼強大的工作團隊，現場每個人都知道自己要做什麼，盡心盡力幫她整理，讓她自己也非常有動力。而且我們非常知道作為一位母親的困擾，盡全力幫她做空間規劃，動線很符合她的期待，小朋友也有了自己的書桌。

「這次大改造真的徹底解決我長期找不到東西的困擾，非常值得。而且物品集中之後，對於小分類的整理也讓我輕鬆很多，除了感謝，不知道還能說什麼。現在下班後就只想趕快回家，都不想再踏出家門了！你們真的是媽媽的救星，是我整理的最後一站！」

我想，這個畫面就是真正的收納幸福。終於解決了媽媽長期以來的問題，讓她覺得安心舒服，小孩也能自由自在的在適合的空間做適合的事情。過去那些捨不得的雜物，曾經佔據寶貴的空間和時間，現在一口氣清理掉了，等於也把過去那些執著、那些曾經以為是彌補自己的物質放下了。現在的你，可以放下過去的執念，輕裝前行，和孩子一起幸福地生活下去。

讓八十歲的爸爸放下固執，笑著斷捨離！

和長輩相處久了，就知道他們無法斷捨離的原因。他們嚴肅和固執的背後，有時候是孤單需要人陪伴；其實他不一定是什麼都想留著，而是不知道有什麼管道可以捐贈。

我們團隊是囤積的剋星，非常擅長整理長輩使用的物品，只要願意讓我們進去協助，再固執的長輩在我們的引導下，都能清出數量驚人的雜物和垃圾。但究竟是什麼原因，讓原本固執的八十歲爸爸願意斷捨離七十七包雜物？

惜物三代，囤積滿屋

向我們預約的是五十多歲的女兒，和她同住的爸爸八十歲、阿嬤九十六歲。我們一再向她確認：爸爸和阿嬤有同意我們到府嗎？她說，媽媽過世後，她自己整理過很多次，已經丟掉一百多包雜物，但家裡囤積的物品還是永無止境，即便每天整理，好像都看不見盡頭。她真的很累，很需要有人協助。後來她跟爸爸說，是請「朋友」來幫忙，爸爸才勉為其難地答應了。

其實，女兒最想整理的是爸爸和阿嬤的房間，但這我們在事前溝通時先暫時保留，因為只要當事人沒有同意，我們就不會執行，於是我們先從這個家的公共區域開始著手。

因為房子很舊了，東西多又雜，老鼠常常進來咬破東西，蟑螂也躲在各種櫃子裡。他們一家三代都遺傳到「惜物」的特質，很多家具都是撿人家不要的，隨便拼湊勉強繼續用。加上自己的舊家具沒有同時淘汰的情況下，東西越積越多，每一層樓都有桌椅、櫃子，各種雜物堆滿走廊和樓梯間，對於行動不便的阿嬤來說，真的是危機四伏。

仔細檢視會發現，囤積的物品中有非常多重複的東西，例如一百多個海苔罐、三百多支打火機，一大把選舉人送的筆，早就放到斷水，各種瓶罐裡的小湯匙，還有超級多塑膠袋、準備當成抹布使用的舊毛巾等等。

派出策略高手，讓長輩卸下心防

女兒說，八十歲的爸爸很固執，只要東西還能用，他都不願意清掉。於是我們派出美女整理師小盈，她甜滋滋的陪爸爸聊天，聊爸爸收藏的收音機、茶葉和酒。漸漸的，爸爸卸下心防，和我們聊起很多話題。有時候，長輩的嚴肅和固執其實是孤單需要人陪伴，有我們這麼歡樂的團隊和他聊天，他一邊整理、一邊笑得好開心。

甚至，後來爸爸比女兒還阿莎力，當我們把重複的物品集中在他面前，他迅速地挑了幾個需要的留著，「其他的都送人！」其實和長輩相處久了，就知道他們無法斷捨離的原因，不一定是因為他什麼都想留著，而是他不知道有什麼管道可以捐贈。

我們收納幸福團隊最強的就是「斷捨離」和「結緣」。當自己不需要的物品可以讓需要的人帶走，長輩惜物的心情就能放下了。這幾天我們團隊的結緣高手玉菁送出超多袋的結緣品，清出的垃圾和回收物都要把他們車庫都堆滿了。

女兒因為也遺傳到爸爸惜物的習慣，很多東西總覺得「留著也許有用」，所以剛開始整理也很卡關，但是當她看到連爸爸都開始清理東西時，也漸漸的跟上進度。這告訴我們，一家人中只要最不願意斷捨離的那一位開始動起來，其他人的動力都會瞬間提升，所以我們簡直是斷捨離的策略高手！

煥然一新的空間，享受久違的幸福

很快的，一樓的客廳、廁所、廚房、後陽台都陸續完成。我們在客廳放了兩座角鋼，搭配他們本來就有的收納籃，擺放爸爸收藏的酒和茶葉，整個空間乾淨又舒服，爸爸坐著伸手就能拿到想要的東西，他滿意地立刻泡茶給整理師小盈品嘗。

後面的廚房也很精彩，我們把狀態很糟糕的衣櫥上櫃丟掉，換成兩座角鋼，把所有的東西分類收納好。最棒的是老舊的爐台下面，本來是用鋁門封閉起來，裡面很容易有蟑螂，爸爸也同意我們拆掉鋁門，改成開放式的，反而更通風也沒有異味。

還有阿嬤的舊櫥櫃，裡面本來很陰暗，東西常常都放到過期，於是夥伴們把門拆下來，重新整理後變得好明亮。最精彩的是後陽台，堆積很多爸爸以前的工具和農具，幾乎難以行走。我和夥伴把工具全部拖出來分類，爸爸坐在我旁邊，感慨地說：「自己也知道很多東西明明用不到，但就是一直放著。」最後清掉大量生鏽或不會再用的工具，後陽台終於能走得進去了。

樓梯間和頂樓的兩間儲藏室，我們只有斷捨離一部份，因為一次清太多會心痛，所以他們想留著的家具和布類就先放著，未來有時間他們自己也有能力進一步整理，或許就能慢慢清掉了。

整個家整理完之後，阿嬤可以很輕鬆地走去廁所，路上不會再有雜物堆疊的重重關卡和阻礙。本來很節儉、不太開燈的爸爸把電燈都打開，坐在乾淨明亮的客廳裡輕鬆地喝一杯酒，滿意地微笑著；女兒也在自己的桌前泡一杯茶，欣賞窗外的景色，享受微風。

後來，她開心地傳簡訊告訴我們，「謝謝你們團隊改變了整個家，我現在很幸福！」如果你和她一樣，家中有習慣囤積的長輩，不知道該如何讓他斷捨離；如果你也曾經自己動手整理，卻頻頻卡關，永遠整理不完。只要長輩願意讓我們去幫忙，我們一定能讓你的家煥然一新！

讓照顧者的家灑落陽光，從此你不再是一座孤島

她就像很多台灣單身女性的縮影，沒有結婚的女兒，往往理所當然地成為照顧者。她們看似責無旁貸，其實也有很多無力與無奈；其實她們需要支持與鼓勵，也需要一些幫助。

這次遇到的客戶，是下定好大的決心，終於鼓起勇氣向我們求助。她一個人照顧失智的母親，沒有心力好好整理家裡，東西越堆積越多，和媽媽兩個人過著「在家找假牙，出門找口罩」的日子。有時爭吵，有時互相指責，相視苦笑，莫可奈何，每天都是這樣的戲碼。

直到有一天，她覺得不能再這樣過下去了，因為她和媽媽的心都像上了鎖一樣，坐困愁城。朋友不能到她家，其他人更是被擋在門外，她沒有辦法再拒絕和外界接觸，但常常一個人整理了大半夜，東西依然沒有減少，一樣沒有秩序。她知道再這樣下去，她和媽媽都會窒息。

放下糾結與羞愧，鼓起勇氣向外求援

有一天，她來參加我的實體收納課。後來才知道，那天她第一個到場，將近最後一個離開，她就站在我身後，很想開口問：「可以請妳來幫我整理家裡嗎？」但她的心情百轉千迴，終究說不出口，因為當時她還沒有辦法面對那個束手無策的家，「怎麼好意思請人來協助我？金錢是我的考量、羞愧是我的障礙，我跨不過那道牆，只能一天拖過一天。」

但她也知道，不能再這樣下去了，因為目前的生活環境對失智的媽媽來說太危險。請媽媽把口罩掛在門口，她總是做不到；媽媽總是把她叫成弟弟的名字。對她來說，因為常常找不到東西，只好重複購買，就像一個無止境的循環，一天比一天痛苦。「我實在累了、也無力了，我知道要跨出那一步，不能讓自己繼續孤立無援，我只能向外求助了！」

其實要不要請整理師到府，她會有這種糾結的心情是有原因的。因為她曾經請人來家裡協助打掃，結果家裡準備的清掃用品不翼而飛，讓她難以相信不認識的人，更何況是放下將雜亂的房子示人那種羞愧的心情。

從公共空間著手，先讓家的能量流動起來

和她溝通的過程中，她說出了更多自己的故事。這些年，家裡的大小事

都由她來打理，自己也生了一場病。她說，這些日子以來，擊垮她的不是生活的困頓拮据，而是內心的幽暗，那條漫漫長路不知道何時才能走到盡頭，但盡頭彷彿只有恐慌、無助和孤立。「即便我的家裡充滿陽光，但我的內心真的異常陰暗。沒有人想要過這樣的生活，沒有人想把朋友拒於門外，沒有人想要活成一座孤島。」

面對她的自責，團隊在溝通過程中必須先讓她安下心來。整理師告訴她：「你家很乾淨喔，而且你沒有把東西堆到天花板。」她當下就愣住了，「天啊！我把日子過成一團糟，怎麼能接受讚美呢？」我們告訴她不要急，如果覺得有負擔，可以先整理一部分的空間，至少讓公共空間先暢通，可以好好吃飯、可以接待客人。

於是我和團隊整整花了兩天的時間，幫她把客廳、餐廳、廚房整理好，清出一袋袋的雜物。那天，她和媽媽坐在熟悉又陌生的客廳裡，「這真的是我的家嗎？」現在，她終於可以坐在差點被媽媽燒掉的廚房，烤爆米花慶祝！可以和媽媽坐在餐廳，泡一壺茶，享受媽媽最愛吃的點心，兩人相視而笑，而且不是苦笑！

把未來的每一天，活成一幅美好風景

她說，斷捨離的過程彷彿是一場大洗禮，有不捨、有斷然、有選擇，也有困惑。「我知道用不到的東西都是前男友，但我還沒準備好和他分手啊！」有時候突然想起記憶中的某樣東西被斷捨離了，那就像失戀的心情；一時想不起物品歸位在哪裡，團隊也會迅速把照片傳給她，讓她知道某個東西放在櫃子的第幾層、某個物品用什麼樣的夾鏈袋裝著，突然間找到了，又像一種失而復得的心情。

不過看到乾淨的家後，她終於明白，內心起起伏伏、跌宕不已，都是為了回到生活日常。一袋袋斷捨離的物品，帶走了她的憂愁和困擾，雖然總有遺珠之憾或捨不得，但是人生的過程就是不斷地回到自我、回到原本清淨的狀態，「因為這個空間一開始不是這樣的啊！是我內心的混亂無助才走到了今天。」

離開前，我給她一個擁抱，告訴她：「你很棒！做到這樣已經很好了！」她說，雖然知道自己還在那條漫漫長路上努力，但終於看到盡頭有一道光在迎接她，我也相信她已經可以站起來繼續向前。

後來她和我分享，未來她會好好愛自己，珍惜有限的餘生，讓生命成為一道溫暖的光，給一個身邊孤單長照的人一些溫暖和鼓勵，「期待接下來的日子，每天都能過成一幅風景！」

part 5

回憶, 才是物品背後最重要的意義

願意面對自己，經過斷捨離的取捨，才是真正的收納

有時候，去客人家進行收納服務，都會讓我見證到命運的安排。原來每一次的相遇都有它存在的意義，不是「剛好遇見你」，而是「註定遇見你」。

這位客人其實連續請過兩位整理師，但是她並沒有斷捨離。而且整理師不用取捨的收納方式，看似方便快速，卻無法徹底解決她內心真正的問題。

不是收整齊就好，而是深刻入「心」的收納

例如她有一堆食品和藥品，之前的整理師幫她歸位、擺放整齊，但因為不是自己動手收納，加上位置不順手，這些東西最終還是放到忘記過期。她撕開一包包過期的食物，「啊！這是我特地從日本扛回來的巧克力粉耶，居然已經過期兩年了！」還有一罐罐的保養品，「天啊！這罐保養品居然是二〇〇五年的，都過期十四年了……」。

當她懊惱地看著這些被遺忘的東西、並且深刻反省之後，徹底下定決心，以後只買少量、而且用得到的東西就好，其他的就快速賣掉或送人。東西減少了，人生才能清爽。

過程中，我也教她「聯想性收納法」，運用這套技巧，以後她就能自己

整理，輕鬆拿取想要的物品。看著最後的成果，她說：「我終於明白真正的收納是什麼了！原來『收好』不等於『收納』。」

「收好」只是把一堆雜物整整齊齊地放在那裡，沒有經過過濾篩選；而「收納」是真真實實地看清楚自己到底有多少東西，真正有在使用的是哪些？透過這個過程，好好面對自己。

我們並不是直接幫她整理，而是花了很多時間幫她做整體規劃，也和她一起動手進行斷捨離，我認為這樣的方式才能真正走入她的內心，幫助她做好居家收納。因為這次的經驗，我更了解自己收納的能力，也更相信自己選擇的收納方式是正確的。

父親的遺物，大時代的哀愁

後來，我們陪著她整理爸爸的遺物，突然間我看到一張獎狀，內心非常激動。這些離鄉背井的軍人，守著這張白紙黑字的承諾，等了一輩子，直到離開人世，紙上的承諾卻永遠無法兌現了，只留下回不去的家，和截然不同的時空環境。

這時候，客人說了一個小故事。她的爸爸是外省人，她們家附近也住了一位外省爺爺。鄰居的外省爺爺很老了，在醫院臨走前，表示希望能回家，在自己家裡度過人生最後一段時光。但爺爺家裡沒有電梯，醫護人員不願意把他扛到五樓，奶奶一個人也沒辦法帶爺爺上去，沒有人願意幫忙。

但她的爸爸很有義氣，因為都是離鄉背井的人，他非常能體會爺爺想要落葉歸根的渴望，即便剩下最後一口氣，他都想要回到熟悉的地方。爸爸自己年紀也大了，卻不顧危險，背著爺爺一步步爬樓梯到五樓，讓他能在家裡嚥下最後一口氣。

她一邊驕傲地說著，一邊紅了眼眶。我們看著照片上笑容和藹的爸爸，不禁心想，如果他現在正看著他的寶貝女兒一邊整理照片和遺物，一邊和我們分享父親的豐功偉業，一定感到很驕傲吧！我想告訴天上的伯伯，您的女兒已經學會收納整理了，她一定會把自己照顧得很好，請您放心！

整理遺物，讓家的能量流動，身為主角的你要展開新的故事

有意義的東西、有情感連結的物品才是遺物的核心，不然遺物充其量都只是亡者使用過或擁有過的東西而已。

會認識小芸，是因為她上了廖哥補習班。她說：「整理自己的東西我還可以，但每次整理父母的遺物就會卡住。」

線上諮詢時，我透過鏡頭看到她位於高雄老家的房間，她說每次回來都

想好好整理，但總是一下子就放棄，「感覺空間的能量很沉重，身體不太舒服。本來想留下來過夜，卻總是待不到兩小時又改變主意回屏東了。」

守護三代的老屋，如今成了傷心地

小芸的老家是中油的老宿舍，從阿公時代就搬進來，小小的平房撐起整個家族，伯父、姑姑、爸媽都在這裡生活過。閉上眼彷彿就能看見他們曾經的生活軌跡，一家人坐在這裡吃蛋糕慶生、三代同堂圍著餐桌吃年夜飯，老屋見證了一代接一代的歷史。

三年前，爸媽和親人相繼過世後，接連辦喪事讓她心力交瘁，等到平靜下來後，再次回到家裡，迎接她的只剩下大量的遺物。這些家族物品變成最沉重的負擔，像塊大石頭壓在她身上，一不留神就會陷入憂鬱沮喪的深淵，因此她就把這裡封印成了傷心地。從那時候起，她成了無法停泊的過客。

小芸同父異母的大姐嫁去國外，妹妹也結婚生子，爸爸媽媽最後選擇分居，妹妹跟著媽媽、她跟著爸爸生活，雖然沒有住一起，還是會互相探訪。其實小芸的個性很活潑，也很幽默，也許是這個家的能量太沉重，她在整理時最常說的一句話就是：「我不行了！」

有情感連結的，才是值得留下的遺物

根據我的分析，小芸老家的空間動線需要調整。因為房間一進門就會看到大衣櫥和鐵櫃，讓空間顯得擁擠，我建議她把格格不入的鐵櫃送人，但她說：「我分不清楚到底哪些是遺物，因為對我來說，連家具都是遺物，我實在無法抉擇！」

我告訴她，「鐵櫃是從媽媽家搬來的沒錯，但鐵櫃和媽媽沒有直接的關係，它不是媽媽每天都很珍惜的櫃子，沒有絕對的情感連結，真正的情感連結應該是某一種印象深刻的東西。」

例如一張老藤椅，也許她總是坐在那裡等你回家；或是她煮飯常穿的那件圍裙，因為煮飯、照顧家人是她的生活重心。「對你來說，有意義的東西才是遺物的核心。只要留下真正讓你有『情感連結』的物品就好，不然遺物充其量都只是亡者使用過或擁有過的東西而已。」

徹底分出界線，為觸景傷情設下停損點

小芸在家排行老二，她不像姊姊在國外生活，也不像妹妹一樣自由自在。她總是乖乖的，像隱身的中間地帶，不知不覺，自己和他人的界線越來越模

糊，而她只能不斷退後，把自己越活越邊緣，但她也只是默默忍耐下來，直到自己受不了為止。

我看得出來，她一直以來渴望和家人保持親密，卻也希望有自己的空間。所以每次打開抽屜和衣櫥，面對父母的遺物和自己的物品混在一起，對她來說真的很崩潰，總有一股無力感。因此，我認為最適合小芸的分類方法，應該是把父母的遺物和她的個人物品「徹底分出界線」！

於是，我們幫她把衣櫥分為左、右兩櫃。靠內側的瘦長衣櫃，全部放爸媽有紀念性的衣服，讓它們像室友一樣繼續陪伴；另一側的衣櫃則是小芸自己的衣服。這樣她就不用擔心打開衣櫥時，突然看見爸媽的衣服會觸物傷情；而想好好懷念他們時，一樣能聞到熟悉的味道。

小芸之前說，整理遺物時常覺得家裡的能量很不舒服。其實是因為把這些老東西翻出來的同時，也會伴隨著停滯氣，是這些停滯氣讓人覺得不舒服。所以當我們把東西搬出來，請她把窗戶打開，把電風扇放在房子中間，讓吹散的停滯氣流動出去，之後空間的能量就好多了。

掌握三大分類，照片斷捨離不卡關

小芸的爸爸是報社記者，非常熱愛攝影，簡直是櫻桃小丸子裡小玉爸爸的翻版。他拍過無數張照片，都被一疊疊塞進鐵櫃，光是看到那密密麻麻的數量就會感受到壓迫感。

於是我們先把照片下架、撤掉鐵櫃，把所有的相簿集中到客廳的木櫃，像陳列書籍般排列整齊，也把爸爸的相機展示出來。這麼一來，相簿和相機在櫃子裡看起來舒服又溫柔，就好像專屬爸爸的博物館，像是告訴大家：「我是這個家的爸爸，我的一生用這些相機記錄了大家的點點滴滴。」

接著，我拿出一整箱將近千張的照片，教小芸怎麼分類。三年前，其實她已經試圖整理過，但實在太痛苦了，沒多久就直接放棄。其實，整理照片只要掌握三大分類，第一類是三姊妹的照片，根據照片上的主角是誰，就放到誰的袋子裡，如果是三姊妹的合照，就自己決定由誰保留。整理之後，屬於大姊的照片寄到國外給她，小芸和妹妹的就各自帶走。

第二類是爸媽的照片，拍壞的、曝光過度的、模糊的先剔除，不知道是哪裡的風景照，或和自己無關的，例如爸爸的同事、媽媽的朋友等等，這些也直接捨棄。最後一類是家族的其他合照，先分成爸爸的家族成員或媽媽的家族成員，各自整理好就送回去給他們自己處理就好。

照片只是紀錄，真正的回憶在心裡

我坐在旁邊一起整理，和她們聊聊照片裡的有趣光景，也順便盯著她們加速斷捨離。因為整理照片時，很容易不小心就掉入回憶的時空，這時候我就會提醒，「我們現在是工廠作業員，要抽離情緒才能專心工作，現在要做的就是分類！」

過程中，我發現她們對這些照片有著複雜的情緒，一方面感謝爸爸拍了這麼多照片，詳細記錄每一個瞬間；一方面又氣爸爸留下這麼多東西，讓她們快被回憶壓垮。對媽媽也是，一方面覺得媽媽無論什麼東西都會非常詳細地記錄下來，人生大多數的時間幾乎花費在記錄上，真的無奈又好笑；但翻到某些照片的背面，看到媽媽手寫的痕跡，馬上就能釐清照片中的時空與人事物，又會很感謝她的細心。

最後她們丟掉好幾百張照片，留下的都分成一袋袋並寫上名字，我相信之後她們可以用更快的速度，自己把剩下的照片都整理好。我也告訴她們：「永遠要記得，這些照片是你們回憶的紀錄，它只是一個紀錄，弄丟了也沒關係，因為回憶已經長存在你們心裡。」

遺物終究只是物品，你才是最美好的存在

小芸說，之前自己整理得很累，感覺都被壓垮了，「那時候的整理是很粗暴的丟掉，但事後我很後悔、很害怕，擔心重要的東西從此回不來。」

我告訴她：「被丟掉的那些東西已經過去了，你可以放下。現在剩下的這些東西反而是你的功課，你可以慢慢地思考你想留下什麼。換個角度，也許是爸媽用生命在教你，不要像他們一樣留下這麼多東西。」

這個宿舍養活你們一大家子，是你的根，現在傳到你們的手上，換你和妹妹要為這個家盡一份力。整理遺物不是原封不動地保留，也不是全部丟掉，「身為主角的你要展開新的故事，才能讓能量流動、才能讓這個家像家，讓爸媽的故事延續下去。」

小芸問我：「那他們還會存在嗎？」我說，就算他們存在，你也看不到、感覺不到，我想他們一定往更好的地方去了。「遺物，最終只是物品。而你和妹妹是他們的結晶，你們才是他們在這個世上最珍貴的存在，你們要連著他們的生命一起更好地走下去，用新的模式延續他們的愛。」

遺物，從來就不只是物品，而是曾經一起生活的回憶

> 每次到府整理遺物，我們看見的不只是物品，而是一家人共同生活的畫面。說到底，我們整理的不只是物品，而是一段回憶。唯有願意鬆手，和過去好聚好散，才能敞開雙手擁抱未來。

第一次接到她的私訊，是三年前。

當時，她的媽媽癌症過世，出殯前一晚，先生起床上廁所卻突然昏倒，家人叫救護車的時候，他還是有意識的，手不停揮動，沒有說話，但好像看

不見了。接下來先生慢慢癱軟，從椅子上滑了下來，送醫後發現是心肌梗塞，就這樣天人永隔。

摯愛接連離世，混亂失序的家

一週內，她先失去媽媽、又失去先生，女兒只有七個月大。她在殯儀館崩潰大哭，根本不知道怎麼活下去。喪事過後，她把孩子交給保姆帶，每天在家裡以淚洗面，不然就是一直昏睡，希望這一切都是夢，醒來後先生就會若無其事地回來。每當她睜開眼，看見沒有人影的家，就會激動得放聲大哭。

家的樣子，就是人的心理狀態。那段時間，她行屍走肉般地生活著，家裡越來越亂、東西越堆越多。她以為時間過去這麼久了，心情應該會好一點，但每當回到家，看不見先生的身影，想起那個愛吃、愛煮菜的他，想起那個默默等她好久的他，想起對自己很省卻對她很大方的他，她的心就像被挖了一個洞，有一部分被帶走了。

想到先生以前常說：「妳整理一下啦！」她試圖想要整理混亂的家，一邊整理一邊哭，氣得對空氣大喊：「你總是要我整理，我就怎麼樣都整理不好，那你出來啊！你出來幫我啊！」空蕩蕩的家沒有任何回應，只有眼淚沉重地落在地上。

當時她來找我幫忙，但如果她沒有真正準備好，我們什麼也做不了。我告訴她，等你內心準備好了，我們一定過去幫你。

三年後，鼓起勇氣走進先生的書房

隨著時間慢慢過去，孩子三歲七個月，上學去了，她也重回職場，更沒有時間整理家務。這時候，我們終於來到她家，打開先生的書房，她站在門口若有所思地張望了一下，她說：「我自己在家時，都不敢打開書房的門。我怕一開門就想到他坐在電腦桌前的畫面；我怕一開門就想到他跟我說會把電腦桌修好；我怕一開門看見電腦前空蕩蕩的樣子。」

她哽咽地說：「他離開後，這裡一直是這樣子，我每次進來都很難過，也不希望孩子進來。」我告訴她：「我們努力試試看，把這裡重新整理成妹妹的遊戲間好嗎？」她點點頭。

拉開其中一個抽屜，裡頭的物品擺放得很整齊，能感覺到有用心整理過。

裡頭似乎都是較為貴重的物品，例如不少的存簿、分類收納好的各國外幣、一些有價權狀，還有精品飾品。我們還發現一整疊大約有三、四十萬的鈔票和整套嫁娶用的金飾。

通常看到比較貴重的物品，我們都會第一時間告訴屋主，因為很多時候，屋主並不知道家裡有這些財產或寶貝，往往是透過我們整理遺物時才會發現。當我們把這份「驚喜」告訴媽媽時，她只是輕描淡寫地說：「我知道了，沒關係，放著就好。」

剛開始，她很害怕清理東西，好幾次向她確認時，她總說：「這是他的東西，我不知道。」一起初以為她是無法明確分辨物品的種類，後來才發現她的意思是，這是先生曾經擁有的東西，她不知道如何面對先生已經不在這件事。尤其是寫有先生名字的信件或物品，她深怕丟了這些東西，就好像清掉他曾經在世的痕跡。

一起度過的時光，就是幸福

整理遺物的過程，我們聽了好多他們夫妻倆的故事，包括相遇的經過、婚前的爭吵、蜜月買的禮物等等。她眼睛閃著光，燦爛地說著先生的過去，這一點一滴都活在她的心裡。

她曾經夢到先生告訴她：「如果我用其他方式離開，你會更痛苦。」夢裡的畫面很清晰，先生在排隊，對著她微笑，她大叫著不要走，試圖追上去，卻怎麼樣都追不到，始終微笑的先生最後消失在好亮好亮的光裡。她不懂，離別明明是好傷心的事，為什麼先生會對她笑呢？

我告訴她，先生好細心，他的人生劇本早就安排好了。你們從學生時期認識，他一直在等你，即使你們一直只是好朋友，他也沒有放棄，最後繞了一圈，你們終於交往、結婚生子。雖然他很快就離開，但他這一生最幸福的事情就是能和你在一起，那個微笑是表示他已經沒有遺憾了。

書房變身遊戲間，讓爸爸的愛繼續陪伴

到府收納的這幾天，她的同事也來幫忙相挺。當整個家整理好之後，空間彷彿有神奇的魔力，讓人好放鬆，媽媽非常感動。先生的書房從此變成孩子的遊戲間，讓爸爸的愛可以延續，妹妹也好開心。

爸爸離開時，妹妹只有七個月大，對爸爸的印象應該是很模糊。但她告訴我先生：「我爸爸的家在天上唷！」然後轉著圓滾滾的眼睛告訴我：「我

爸爸說他是太陽喔！」我說：「太棒了！那你每天起來都可以看到爸爸，他每天都陪在你們身邊。」她笑著點點頭，但她沒有看見的是，在場的每一個人都鼻酸了。

離開的時候，我們相互擁抱，媽媽哭著道謝，我輕輕拍著她的背，「你已經做得很好了！你很努力走到現在，妹妹是先生送你最大的禮物，你要為他努力活出最好的版本。未來有一天，你們一定會再相見的。」

每天太陽升起，陽光從窗戶灑落在遊戲間，那是爸爸用溫暖的陽光擁抱他的孩子，悄悄地在耳邊告訴她：「爸爸會一直守護你和媽媽喔！」

翻開遺物清單筆記本，幫你搬家到天堂

遺物會說話，想想自己在生命凋零前，會在遺物整理清單的筆記本上寫下什麼呢？

走進她的家，大約只有十坪的一房一廳，三、四十個紙箱幾乎佔據整個客廳，裡面都是居家洗腎的輸液，看起來非常壯觀。小小的空間裡，站著好幾位整理師，還有屋主的姪女，感覺顯得擁擠。

我走進裡面的房間，一個用拉門隔出來的空間。她的侄女站在我的右側，所有的整理師在後方排成一排。我先深深九十度鞠躬表明來意，「您好，我是遺物整理師廖心筠。您的姪女委託我們整理您的遺物，我們會幫您把房子整理乾淨，讓您的物品遺愛人間。」在我們全體鞠躬的同時，感覺空間給予了回應，我的手臂上起了雞皮疙瘩，今天一定能很順利的完成。

從遺物閱讀主人的生命故事

屋主離開後，這裡半年沒有住人了，我們要進去工作前，楊姓媽媽桑很貼心先找了清潔人員來清理廁所，讓整理師們能使用乾淨的廁所，這真的是一個非常貼心的舉動，很少看到這麼為員工著想的老闆。

屋主的房裡有一張單人床，是她待最久的地方，牆壁和床頭櫃上已經積了滿滿一層灰，我們把它擦得和新的一樣。床邊的書桌上有幾本筆記本，裡面詳細記錄她的洗腎數據，書桌旁有一台醫療用的白鐵藥車，裝著各式各樣的藥膏、紗布、棉棒，藥袋裡裝著憂鬱症的藥。再順著點滴架的管子往下看，放在藍色水桶裡的兩大包輸液已經變質，原本無色透明的輸液變成深咖啡色，好像在訴說著它們已經用盡全力陪伴屋主走到最後。看著這些遺物，祝福她脫離病痛，往更好的地方去了。

我把堆在床邊的紙箱一箱箱拆開，看得出來屋主是一個非常熱愛學習的阿姨。她非常努力地學習文書處理，甚至把所有的按鍵輸入都列印下來。她很喜歡逛書局，紙箱裡有各家書局的薄紙袋，撕開膠帶，裡面是全新的筆、立可帶、筆記本、貼紙卡片等等，感覺她就是一個少女，喜歡去書局挑選各式各樣的文具。我把這些文具全部結緣出去，相信也會送到和她一樣喜歡逛書局的人手上，讓這些東西能再延續下去。

她還有好多筆記本，有的剪貼著食譜和報紙上的格言，而絕大多數的筆記本上都有她娟秀的字跡，有時候是寫一些歌詞、有時候寫的是心情感想，筆跡美得像是印上去的一樣。每一次的遺物整理，我覺得最觸動人心的就是這些手寫字體，還有屋主下筆時的心情。也許她離開了，這些紀錄已經沒有意義，但我仍然會拍照下來，像是替她保留在人間最後的筆跡。

盤點人生，整理師眼中的神奇巧合

我在她的床邊看到一本小小的筆記本，也許是身體不適，筆跡已經變得潦草，但還是看得出她很細心記錄。每頁都寫著不一樣的物品名稱，看起來像是住院時需要的用品清單，但神奇的是，在遺物整理師的眼裡，我覺得更像是遺物整理順序的清單。巧合的是，我打開的那一頁，第九項寫得剛好就是我幫她捐贈的所有文具和禮品！也許在生命的最後，她也曾經盤點自己所有的物品，只是沒有力氣再好好整理。

另一頭，夥伴打開半年沒有使用的冰箱，食物早就腐敗，幾乎都是蛆的屍體，濃濃的惡臭撲鼻，一般人絕對退避三舍。但我們團隊的兔兔非常專業，她打頭陣把冰箱腐敗的物品撤下，把蛆的屍體全部清乾淨，再由團隊分工清洗冰箱抽屜和收納盒，讓冰箱可以乾淨漂亮地讓下一個人家繼續使用。

那天的天氣很炎熱，空氣很悶，小小的空間被大家擠的水洩不通，即便每個人都熱到汗流浹背，大家依舊努力著，希望給逝者一個乾淨的空間。大家手不停歇地拆箱，拆下的紙箱疊得快和衣櫃一樣高，夥伴找到附近回收的婆婆，婆婆說他膝蓋不好，沒辦法上來搬，夥伴們就把紙箱全部綁好扛下樓，送上婆婆的推車。她笑得很開心，那些堆在家中的紙箱，現在變成了婆婆一餐的餐費。

遺愛人間，祝福一切回歸原點

最後，我把貴重的物品、有紀念性的照片全部交給她的侄女，也謝謝姪女委託我們，讓我們能幫屋主做最後的服務。回頭看看她的相簿，那個有娃娃臉的可愛少女，年輕時就開始洗腎，過得很辛苦，但她沒有放棄，把自己的人生過得充實又精彩。最終離開時，東西也收得好好的，在她離去後，我們讓這一切又回歸原點。

阿姨，您放心，您的書籍和文具都分類好放進結緣袋，讓有需要的人沿用下去。您的家具和電器，我們也遺愛人間捐出去了，里長請人搬走冰箱和電磁爐，捐給當地清寒的里民，這些東西都有了第二生命，繼續發揮它們的價值，造福很多人。謝謝您讓我們為您做遺物整理，這次的整理很順利，如果您看得到一定會非常滿意，祝福您放心地往更好的地方去。

part 6

反思, 才能了解塑造
我之所以為我的事

一場車禍的啟示，當心無所求，才會無所不有

「我們家的車車受傷了，要去看醫生，等它修理好了就可以載我們。車車很勇敢，它是最棒的車車！」

20年的老車，是最棒的車車！

前陣子，我和先生出了車禍。對方從巷子開出來時沒注意來車，撞上直行的我們。結果我們的後車門被撞凹，後保險桿也斷了，慶幸的是我和先生都沒事，而且當時女兒不在車上。

撞到我們的車主沒有保險，聽到車廠維修估價時，他語帶諷刺地說：「你們的車都二十年了還要修？報廢還差不多！」先生聽了沒有生氣，只是禮貌告訴他，「沒關係，我們就交給保險公司處理。」

這台二十年的老車，是先生外公的遺物，我們不在乎它的品牌，也不在乎它的老舊。因為它陪伴了我們好久，載我們到處跑，幫我們擋風遮雨。或許對很多人來說，這台老車早就該換了，但對我們而言，有它的陪伴就很滿足。就像我們開著公公的紅色廂型車去環島，一樣是老車，我們卻是滿足又感恩。

那天晚上，女兒聽到車子送修了，天真地說：「我們家的車車受傷了，要去看醫生，等它修理好了就可以載我們。車車很勇敢，它是最棒的車車！」那一瞬間，我發現孩子和父母的價值觀是一樣的。

我很「滿足」，我已經「夠好」了

我們珍惜擁有，樂於分享，不過度獲取，也不追求物質享受。對我們而言，知足是最大的擁有。《滿足：與其追求幸福，不如學習懂得知足》這本書提到，很多人以為「幸福」和「滿足」是一樣的，其實兩者有很大的不同。

「幸福」是進攻式的，就像競賽一樣。我們以為和別人比較，勝出的人就獲得了幸福，所以常常陷入無止盡的消費和獲取，又一次次對本來期待的事物感到痲木，這樣效法有錢人的生活，反而變成負債式的享受。

「滿足」卻是退守式的，它建立在正面樂觀的心態之上。我們降低物質要求，讓自己想辦法適應現實，不去追求不屬於自己的東西，重要的是沉穩和心靈平靜，重要的是我們活著，並在其中發現某些值得堅持的事。

諾貝爾經濟學獎得主丹尼爾．康納曼曾說：「學習珍視你所擁有的。」一我們總是羨慕他人，卻沒有好好檢視自己，其實我們已經「夠好」了。與其追求幸福，不如懂得知足，我們真正該追求的，是「夠好」就好。

人生的幸福感有七十五％來自於生活小事，剩下的二十五％才是來自於人生大事。所以把每一刻過好，享受當下更重要。快樂的人生，來自於有意義的生活，當一個人的人生是有意義的、對人生是感到滿意的，好心情便油然而生。

熱愛人生，享受心靈的富足

在每一次的收納工作結束後，即便我的身體很疲憊，但只要想起這幾天的充實、屋主的笑容、嶄新的空間、屋主未來在此展開的新人生，我都會再次肯定自己，這個工作實在太棒了！

而且我發現，我和夥伴在進行收納時，總是覺得時間過得飛快，後來才知道這就是所謂的「心流」。當心流產生時，意識運作會更敏捷，行動也會無縫接軌，產生忘我的愉悅感受，讓人全然沉浸在天人合一的美好中，是真正純粹的滿足。

我常在想，工作的意義不在於做什麼，而是如何做。我熱愛我的工作，熱愛我的人生！在這些年的整理工作中，我看到很多人達成目標，卻忘了初衷，走到人生轉折或陷入危機時，才自問自己在哪條路上？才意識到自己做的事有多不快樂？才發現心中更大的空虛，才知道自己為了成功付出多少代價？尤其是失去自我。

生命終有時，我們一定要在那天來臨之前，為自己活過一次！問問自己，是什麼讓我的人生有了意義？我追求的目標是什麼？我的人生究竟想要什麼？什麼對我來說是重要的？

我想，擁有的多，不一定讓人滿足；擁有的少，也不一定讓人貧乏。人的一生不在於擁有多少，心靈的滿足才是真正無價。

用愛祝福，因為每一個念頭，都在創造我們的未來

我們選擇的信念，會決定我們要過什麼樣的日子。但這些信念都只是一時的想法，我相信「用愛祝福」，就可以得到神奇的改變。

前幾天，我們從娘家回家的路上，一路上一直遇到我們開車時很害怕遇到的一種人：開車極度緩慢的駕駛。他們就好像活在自己的世界，無論距離前車有多遠，都還是維持自己的駕駛步調，絕對不跟上。

你相信的，上天就會讓它成真

遇到這樣的駕駛，先生非常地焦慮，他幾度想要超車，但前方剛好又是雙黃線。前面的駕駛速度慢到不可思議，他也顯得越來越急躁。

這時候，我告訴先生：「我們要祝福他，對著他說『祝福你』。」因為不管面對任何狀況，「用愛祝福」是很有效的方法，祝福每一個狀態，你的頻率也會變得一致。於是，在我祝福那位駕駛之後，他的車子突然慢慢地往旁邊的電力公司駛去，先生終於可以順利往前開了。

但是沒有多久，我們前方又出現一台以龜速前進的小貨車，先生馬上又開始不耐煩，抱怨著：「今天怎麼一直遇到這種駕駛？」我們的每一種想法，都在創造我們的未來，當你覺得自己老是遇到這種人，上天就會創造更多更多這樣的人來到你的身邊。因為潛意識會接受我們選擇的信念，只要你相信，就會成真。

就像那些遇到渣男的女生，下一次戀愛往往還是遇到渣男。那些想要擺脫家暴的女生，下一任常常又是會家暴的男人。如果你的信念散發出「我不值得被愛」、「我一直遇到傷害我的人」，就會不斷陷在這個惡性循環裡。

用正向的念頭和語言轉危為安

我們選擇的信念，會決定我們要過什麼樣的日子。但這些信念都只是一時的想法，它是可以改變的，而改變的時機就是當下。

於是，我又對著前方那台車說：「我祝福你。」神奇的事情再度發生了，原本速度超級緩慢的小貨車，在一個轉彎之後突然停在路邊，駕駛下車去買東西了。

後來，我們又遇上第三台開得很慢很慢的小貨車，這時候先生也開始改變信念，祝福那台車子。突然間，我們注意到前方有土石崩落，正在修路。如果沒有前面這些開得很緩慢的駕駛，我們很可能一個不小心就直接撞進施工柵欄裡。意識到這一點時，我們突然感謝那些駕駛們，「謝謝你們慢慢地開，讓我們注意到路況，祝福你們。」

我相信，遇到不順心的人事物時，「用愛祝福」可以得到神奇的轉變。正向的言語能帶給你正面的思考模式，排除心中的負能量，只需要透過思考，就能改變你的經驗。

別把過去的遺憾彌補在孩子身上，懂得愛自己的父母，孩子會更愛你

並不是付出所有的愛，孩子就會覺得滿足；也不是把所有的時間都填滿，孩子就會覺得幸福。有時候，剛剛好的陪伴，更能創造高品質的親子時光。

先生兩歲的時候，他的父母就分居了。當時，爸爸必須要去工地工作養家，沒有什麼時間照顧他，只能把還包著尿布、喝奶瓶的他，跟著三歲的姐姐一起送去幼兒園。就這樣，他的幼兒園整整讀了五年，每一屆的新生都會

看見這位「學長」。

父母給的，真的是孩子需要的嗎？

也許是因為有這段童年記憶，讓先生非常沒有安全感。我們結婚之後，有了兩個小孩，他想要把滿滿的愛都給孩子，每天花很多時間精力陪伴孩子。但最後，我們兩個人都精疲力竭，面對孩子的時候總是會失去耐性，常常吼她們、生她們的氣。

於是我開始思考，父母長時間的陪伴真的是孩子需要的嗎？雖然爸爸媽媽二十四小時都在身邊，但扣除睡眠時間，有一半的時間都在生氣，這樣真的有比較好嗎？有一句話說，「有快樂的爸媽，才有快樂的孩子」，我們這麼不快樂的陪伴孩子，她們會覺得開心嗎？

於是我做了一個決定：讓二年級的馬鈴薯去上安親班。先生一開始非常反對，他覺得小朋友去上安親班很可憐，就像他的童年一樣。我問他，她們待在家的時候，馬鈴薯寫作業常常要寫四個小時，小朋友總是會忍不住偷懶，我們教她寫功課常常教到火大，甚至直接扁人，這樣有比較好嗎？難怪有人說，盯小孩寫功課就是親子關係破滅的開始。

送孩子去安親班，享受更有品質的親子時光

事實證明，安親班就是我的救贖。因為安親班的老師真的像天使，很有耐心地教她們寫功課，常常誇獎馬鈴薯字寫得很漂亮。老師果然有一種神奇的魔力，因為被老師誇獎後的馬鈴薯開始愛上寫字，連回家都自己練習硬筆字，這真的是我的孩子嗎？

本來作業在家要寫四個小時，但在安親班因為有大家一起寫作業的氣氛，會有和同儕競爭比賽誰寫得快的感覺，寫完的人就可以出去玩，馬鈴薯竟然半小時內就能把作業完成，而且寫得又快又好，這真的是我的孩子嗎？

重點是，她去上安親班之後，我們夫妻又有了時間可以好好相處，先生竟然久違地約我去看電影了！這是我生完小孩七年以來，第一次和先生兩個人去看電影。我們終於有自己的時間了，就好像回到談戀愛的時光一樣，這種感覺真的很好！

而且，馬鈴薯從安親班回來後，不但沒有抱怨過，還一直說安親班真好玩、好喜歡去安親班。另一方面，我們和孩子的時間沒有那麼多之後，更能給他們真正高品質的陪伴；面對孩子的時候，我們會有更多的耐心，她們也很愛這樣的家庭氣氛。

父母也需要自己的 me time！

這讓我想到，我有一個客戶也是因為原生家庭的成長背景，讓她決定有了自己的家庭後要盡力滿足孩子。於是她壓縮了自己大部分的時間，給孩子最多的陪伴，也讓出大多數的空間給孩子活動。但她感覺耗盡了所有的力量，自己卻不快樂，尤其疫情期間一家人關在一起，精神壓力真的瀕臨極限。

當時她去求助專家，專家告訴她：「因為你不夠愛自己。」並不是把所有的愛都給出去，孩子就會覺得滿足，掏空的自己反而讓人陷入空虛。也並不是把所有的時間都填滿，孩子就會覺得幸福，勉強自己的緊繃氣氛更讓雙方都備感壓力。有時候，剛剛好的陪伴，才能創造更高品質的親子時光。

專家告訴她，你可能是因為童年的缺憾，所以想要彌補在自己的小孩身上，但妳真正要彌補的不是陪伴孩子，而是去彌補小時候那個孤單的自己。作為媽媽的她，其實需要更多關注和愛，需要獨處的時間和空間。

我們一起收納整理的同時，我也慢慢看見媽媽的變化。當整個家都整理好之後，那個本來擁擠的空間變得好寬敞、好明亮，她突然鬆了一口氣，興奮地告訴我們：「我要去享受我的 me time 了！」看著她的笑容，我打從心底為她開心。

所以，「小別勝新婚」這句話有時候也適用於親子關係。讓自己有多一點的空間和時間，給自己一點喘息的放鬆機會，擁有小小的自由所帶來的生活品質，會讓我們更愛自己，成為一對更穩定的父母。我相信，孩子會更愛這樣的爸爸媽媽，當夫妻間、親子間都取得了平衡，這個家就會過得更幸福。

收納就像打麻將，你一定可以讓自己握有一手好牌！

緊緊握著一張無用的牌，想著以後可能會用到，就像家裡囤積了根本派不上用場的雜物，只是浪費了更寶貴的空間。

你會打麻將嗎？

從事收納工作這麼多年，我一直覺得整理的過程和打麻將非常相似，所以每次我都好興奮！

贏家的價值，只拿真正需要的

等待整理的物品就像這些牌，你在這一堆牌裡不停地取捨，然後把一張張同類的牌擺在一起，就會知道自己到底有多少牌、還欠什麼牌。

「三條不要」，迅速丟出手上的牌，「吃！」對方突然伸手拿走你的牌，你不想要的到別人手中變成他的寶貝，看他拿在手上喜孜孜的。當你把同類聚在一起的時候，「碰！」原來你有三個，那它們就好好待在這裡，就像你很清楚地知道物品的數量。

當你去蕪存菁、掌握了最後的牌，也拿到了你最需要的東西，現在留在你手上的這一些，才是你「真正需要」的，也是能讓你「變得更有價值」的東西。經過這個過程，你自然而然就能更了解自己，最終贏得勝利。

收納整理，就是找回人生的掌控權

但也有那種時候，你一直執著於手上那張牌，總覺得以後有機會用得到，總覺得也許再來一個什麼你就會贏。結果，等了半天，它就是一張派不上用場的牌，就像家裡那些根本沒派上用場的大雜物。卡了一張無用的牌，浪費了你前面辛苦建立的一切，就像囤積了用不到的東西，浪費了更寶貴的空間一樣。

從事收納工作邁向第七年，當融會貫通後，我真心覺得人生就像一場遊戲。掌控權其實就在你的手上。所以不要再說捨不得、丟不掉，你一定有辦法丟出不要的那張牌！也一定有辦法丟掉不要的雜物！你可以選擇在一堆爛牌裡懊惱不已，也可以自摸拿到一手好牌，開心享受清爽人生！

放下對「過去」的執著，成就「現在」更好的自己

透過「回到現在」的大絕招，在斷捨離的時候問問自己。捨棄掉這些過去的東西，也是在潛意識中做出切割，告訴自己，我以後要走上不同的道路了。

十幾年前，我對學習日文非常有興趣，曾經報名上過日文課，也考過日文檢定N4。當時並不是工作需要，也不是為了通過考試，純粹是自己有興趣。翻開我的日文課本，滿滿的都是註記，從密密麻麻的筆記就能看得出來當時的我有多認真。

但是，語言這種東西是很殘酷的，你越少用就越會忘記。果然，一段時間之後，以前背的那些單字通通都還給老師了，那些日文課本卻還躺在我的書架上。我一直捨不得把它們回收，總覺得哪一天有時間、有動力繼續學的時候就會用到。

用「回到現在法」自問自答，和過去好好道別

直到我看到小印的《財富自由整理鍊金術》，提到她以前從事日文相關工作，面對家裡那一堆日文教科書也很猶豫，但念頭一轉，想到未來確定不會再從事相關工作，就決定斷捨離了。捨棄掉這些東西，也是在潛意識中做切割，自己以後要走上不同的道路了。

書裡提到，面對「過去的執著」，大絕招就是「回到現在法」。問問自

己這些問題：

1. 我現在需要這項物品嗎？

↓不需要，因為我已經十多年沒有看這些日文課本了。

2. 我現在覺得它好用嗎？

↓沒那麼好用，因為現在網路上都可以查得到這些日語學習的資訊。

3. 我現在喜歡它嗎？

↓以前很喜歡日文，但現在覺得很陌生。

4. 它適合現在的我嗎？

↓適合以前的我，但不適合現在的我。

透過這樣的自問自答，我認清了「現在」的自己。我不會再回去念日文了，因為現在的我有更多有興趣的新知識想要學習。我決定把這些課本、筆記回收，好好的和它們說再見。

那一刻，我突然覺得如釋重負。一直留著這些課本，只是想要證明「過去」的自己會日文，只是想要證明自己「以前」很努力。其實，「現在」的我已經很棒了！不需要這些東西來證明。感謝每一個過去，都成就了現在更好的我。

泡麵、茶店與便利商店，回想那段最窮的時光

每個人或多或少都有經濟不寬裕的時候，回想我人生最窮的時光，關鍵字大概是：泡麵、茶店、便利商店。原來，人可以窮成這個樣子。

天天吃泡麵，睡覺就不餓了

大學的時候，我就讀時尚系，當時生活費非常少，我常常在學校食堂點最便宜的麵，最常吃的就是乾米苔目。為什麼是乾的？湯的不是比較有飽足

感嗎？原因是少了湯，煮麵阿姨就會給多一點麵。

真的窮到極限了，我會直接買一堆泡麵天天吃，而且要買袋裝的，因為碗裝的比較貴！每天用同一個碗公，熟練地把麵放進去，去宿舍飲水機就有源源不絕的熱水。但每天吃真的好膩，所以我這輩子大概再也不會想吃排骨雞麵了。

因為家境不好，大學只讀了一年就休學。我的朋友小更一，是一個很熱血的女生，她明明住在台中太平，卻很有義氣的跟著我一起搬出來住，一起負擔房租。我們找到市區的一個大套房，是弟弟的學長租給我們的，還通容我們先不用付押金。

坦白說，那時候我們已經窮到要被鬼抓走了，完全沒有多餘的錢能買食物。那時候小更一已經在橙舍茶店做大夜班，回想二十年前的台中公益路，整條街都是茶店，很多店員下班後都跑到茶店聊天打牌。

因為我們都在茶店上大夜班，時間是晚上十二點到早上八點。下班後回到家，哪怕精神非常好，第一件事一定是睡覺，因為睡覺就不會餓，就這樣一路睡到下午。有時候，中間起來上廁所，還可以聽見肚子咕嚕咕嚕地叫，但也只能喝水充飢，然後趕快繼續回去睡覺，一直到快上班前再起床洗澡。

茶店裡的那些人間美味

為什麼我們會選擇大夜班呢？因為大夜班有伙食啊！這個理由聽起來很莫名其妙，但對我們來說太重要了！老闆會請廚師煮幾道菜給大夜班吃，我們一整天等的就是這一餐，每一次都吃得心滿意足。而且因為所有員工一起用餐，看見盤子的菜被吃得一點不剩，我們還會很失望，內心呼喊著：「好想打包啊！」

也許是廚師看出我們貧窮人的渴望，他煮的量越來越多，有一天還把剩的飯菜包起來給我，「我量沒抓好煮太多了，這些你們帶回去幫忙吃啦！」當我們看到一包白飯和「煮太多」的麻婆豆腐，感動得眼淚都要流下來，祝福他好人一生平安。

在茶店工作還有一個好處，那就是吧台飲料免費喝。我們總是請吧台小哥幫我們調最貴的那一款，然後珍珠加到比茶還多，趁上班的時候努力喝，簡直是飲料自由。但當大夜班的茶店服務生也很痛苦，大半夜的，聽見廚房鈴聲叮噹一響，就算你再睏，都要提起精神把餐點送到客人手上。

說真的，茶店的餐飲看起來都很美味，炸得非常酥脆的胖胖脆薯、冒著煙的洋蔥圈、煎得「恰恰」的蘿蔔糕等等。每一次送餐，我都要停止呼吸，以免味道竄進鼻子裡會忍不住想偷吃。

而且上菜的時候都是色香味俱全的餐點，客人離開後，面對的都是杯盤狼藉。我必須承認，有時候客人顧著打牌聊天，點了餐點卻沒吃幾口就走了，收桌子的時候，我會偷吃一、兩樣盤子裡沒被碰過的東西。在變成廚餘給豬吃之前我一定要先吃到！雖然食物早就已經冷掉，但在窮得要命的我眼裡看來還是人間美味。

便利商店的神祕滿漢全席

偶爾有一點錢的時候，我會去便利商店買茶葉蛋、一包科學麵，再用大碗裝關東煮的湯，直接吃到飽。平常上班可以吃公司那一餐，但我們最怕放假，因為放假的時候只能餓著肚子一直睡覺，畢竟什麼也買不起。

有一天，我們突然想起一個在便利商店打工的朋友，我和小更一餓得像幽魂一樣走進店裡。他看到我們，神秘兮兮地拿出一個購物籃，偷偷抽了櫃檯的袋子把東西裝給我們，「這些都是報廢的食物，你們帶回去。」而且他還一直偷瞄監視器，深怕被店長發現。

對兩個已經餓到要喝黃泉水的人，看到滿滿一大包食物，誰管它是不是報廢，在我們眼中根本是滿漢全席。我們帶著那包食物用光速衝回家，打開一看，裡面有牛奶、果汁、麵包、飯糰，為了保存過期的牛奶，我們還幫冰箱重新插上插頭，這時候保存食物比省電更重要。我們狼吞虎嚥吃了御飯糰，再把麵包供在用紙箱做的櫃子上，分成一個禮拜的份，非常珍惜地享用。

那位「頭腦不太好」的大小姐

當時，我們認識了一個年輕的新朋友，妮妮。她非常喜歡我和小更一，常常黏著我們。有一天妮妮來我們家，問我們在做什麼？我說：「我們在玩挨餓遊戲！」她居然說：「那是什麼？我也要玩！」我當時心想，她的頭腦可能不太好，完全聽不懂我的幽默。

過了一下午，她看我們很無聊的樣子，「你們要不要來我家？你們有大袋子嗎？」雖然被問的莫名其妙，但家裡剛好有兩個家樂福的大塑膠袋，其中一個還被泡麵的紙板勾破一個小洞。

我們跟著妮妮騎到她家，「歡迎！這是我家！」她展開雙臂熱情歡迎，我和小更一面面相覷，我們這兩個底層百姓到底是怎麼認識住在豪宅的公主？

這哪裡是家，根本是皇宮吧！她家的廁所大概和我們的房間一樣大吧？我心想，她一定是頭腦不太好，才會和我們這種人混在一起。

這時候，妮妮搶過我們夾在腋下的袋子，打開她家的食物櫃，亂翻一堆東西全丟進袋子裡，整整裝滿兩大袋。雖然很感激她的「救濟」，但這時候聽見門口的車聲，我們一陣錯愕，「啊！我爸媽好像回來了！」於是我們像小偷一樣，帶著她給我們的食物拔腿就跑。

回家打開那兩大袋食物，我們真的非常感謝這位大小姐，但突然發現，她給我們的東西都不能現吃。整包的米、一堆冬粉、麵線，我們家沒有爐子，也沒有電鍋，根本無法料理。只好把希望寄放在各種罐頭，我一個個拿起來看，有脆瓜、筍絲、麵筋，除了麵筋勉強能吃，其他真的會被鹹死，真是欲哭無淚。

後來，我的身體真的太爛了，加上大夜班日夜顛倒的作息，讓病痛全部一起來，不得已只好從茶店離職去找新工作。現在回想起來，真的很懷念在橙舍茶店那三個月的艱苦時光。後來因為找到新工作，慢慢累積了一些積蓄，才脫離那段貧窮的時光。原來人可以窮成這樣？現在想想都覺得不可思議！

我從不說「丟掉」，而是說「結緣」

斷捨離並不困難，所謂的「結緣」，就是用我不需要的物品，和你結一份善緣。用結緣的心態延續愛，延續物命不浪費。

在到府收納的時候，很多人都有這樣的問題：「這些東西還好好的，我捨不得丟」、「我不需要的物品，要怎麼送出去？」

在你家沒有用的物品，可能是別人家的寶貝

雖然我一直強調斷捨離的重要，但是我們從小都被灌輸「不能浪費」的觀念，變成一種無法放手的心理負擔。尤其是長輩一聽到「丟掉」兩個字，好像聽到什麼咒語，就會開始抗拒整理，覺得物品明明還能用，留著總比丟掉好，於是又繼續囤積下去。

所以我從不說「丟掉」，而是說「結緣」。你不需要的物品，可能是別人家的寶貝！孩子長大了，用不到的兒童用品；準備要搬家，多出來的家電家具；身形改變後，不再穿的衣服褲子。把這些還很好的物品，送給更需要它的人，讓物品再次被利用，絕對比堆在你家倉庫更有價值！

結緣的時候，我會依照平時教大家的「三袋分類法」，用三款不同顏色

的結緣袋將物品分為衣服類（橘色）、紙類（白色）、雜物類（藍色）。袋子上面有一個郵戳的圖案，明顯標示物品的種類，先請客戶把所有不需要的物品全部擺出來，拍一張全家福，然後依照類別裝進去。接著ＰＯ到當地社團或其他捐贈管道，放置在約定好的地點，讓他人直接取走。來結緣的人將自己需要的物品拿出來，再放入其他自己不需要的物品，除了索取，同時也繼續結緣下去，重複結緣的步驟，讓物品不斷循環。

不需要的物品就像是前男友，早點放手吧！

結緣的時候也時常有人會懷疑：「這種東西真的會有人要嗎？」

我曾經結緣過一張很髒的成長書桌，當時屋主很懷疑地說：「這張書桌被孩子搞得這麼恐怖，真的會有人要嗎？」想不到我一ＰＯ到當地社團，馬上就有一位阿伯想要結緣，他不但沒有嫌棄書桌骯髒，還不停向我們鞠躬道謝。原來他的職業是裝潢工人，帶回去之後用溶劑處理一下，就能把書桌變成像新的一樣，他還傳簡訊給屋主：「謝謝你給我這張書桌，我的三個小孩輪流使用，他們都很高興。」

屋主一定沒有想過，在他家看似沒有用的書桌，來到需要的人家裡，竟然能讓三個小孩輪流使用；他也一定沒有想過，斷捨離自己不需要的東西也是在做善事。我結緣各式各樣的物品，不管是什麼奇妙的物品，真的都會有人需要！

有些人在斷捨離的時候會很不捨，覺得「我當初買的時候很貴，應該要用賣的」。我都會告訴他們，如果你有時間精力，當然可以留著慢慢賣，但別忘了，你家的坪數才是最有價值的，讓不需要的物品佔據寶貴的空間，還要花時間整理，其實更不划算。對你來說，那些不需要的東西、已經厭倦無用的雜物，就像是前男友，多放在家裡一天，看了也只是心情鬱悶，不如用最快的速度送出去，讓它們離開你家。

當有需要的人拿走你的物品時，你會因為幫助別人而開心，而且會真正放下對物品的執著，因為你知道這些東西一定會被好好使用。其實斷捨離並不困難，所謂的「結緣」，就是用我不需要的物品，和你結一份善緣，讓物資可以延續第二生命，發揮它的最大價值。你清出雜物，家裡變乾淨了，別人獲得物品繼續使用，延續物命也更環保了，三方都受惠。

如果你覺得「丟」東西很困難，試試看用「結緣」的心態，分享物資延續愛，讓物品循環使用不浪費。

我好愛結緣！你不需要的東西，可能是別人的寶貝

收納幸福團隊一直秉持著一個想法：只要能用的物品，我們會快速結緣出去，幫它找到新主人。因為比起物品的殘值，更重要的是「空間的價值」。

從你家到我家，剛剛好！

前幾天我們前往松山區收納，屋主李小姐是我的學員。她曾經自己努力地把空間整理好，但過了兩年，整理的速度趕不上購買的速度，雜物開始蔓

延，客廳、餐廳、更衣間、遊戲間，每個空間都變成消失的密室。她變得非常焦慮，每天都陷在無限自責中，但自己一個人能做的很有限，最後只能眼不見為淨。

壓垮駱駝的最後一根稻草，是某天孩子突然氣喘，急診時血氧掉到九十二，整個人癱在那裡，把她嚇壞了。這時候，她才開始意識到真的不能再這樣下去，於是請我們團隊幫忙。

我們到府整理三天，真的是使出大絕招把所有空間搞定，也幫她結緣了很多物品。當空間恢復成原本的樣子，她真的感動到要哭出來，先生和孩子回來後也驚訝地問：「這真的是我們家嗎？」他們一家人終於找回對「家」的嚮往。

整理完李小姐的家，最後還有一些尚未送出的結緣品，剛好我們隔天要到信義區林小姐家收納，就索性把東西一起帶過去。想不到，林小姐的家沒有對外陽台，很需要一個曬衣架，李小姐結緣的曬衣架和一些收納小物，應用在林小姐家剛剛好！

物資結緣，牽起人與人的緣份

林小姐的家物品不多，就是動線有很大的問題，尤其主臥室的上下舖卡住先生更衣間的入口，他每次進去都要側身，實在很憋屈。於是我們使出乾坤大挪移，先把主臥的衣櫥搬到小孩遊戲間，再把上下舖移動到衣櫥的位置，空間就變得非常寬敞，甚至還有餘裕幫他們新增了閱讀空間。

後來，我們發現小孩遊戲室的燈光太暗，應該要買個立燈光源輔助才能看得清楚。這時候，夥伴突然提起，「昨天李小姐的女兒房，有一個閒置的立燈」。我馬上打電話給李小姐，向她說明我們想要結緣，她很開心地一口答應了，林小姐也馬上騎機車去面交。兩個不認識的人，聊起我們團隊，激動地拉著對方的手說：「她們團隊真的好厲害！」能成為你們的共同話題真好！

這個在李小姐家閒置的立燈，來到林小姐家的遊戲間完全變成主角，有了它，整個空間的氣氛都不同了。接著，我們把房間裡的桌子搬到客廳，林小姐終於第一次有了自己的辦公桌，她非常感動。

林小姐接收了李小姐的曬衣架、收納盒、立燈，她自己則結緣大書櫃和汽車座椅。尤其是在她家很佔空間的大書櫃，透過夥伴的結緣處理，成為另一個家庭女兒房的書櫃。

林小姐請我們到府，是想要把家裡整理好，迎接下一胎的到來。整理完的空間變得很大，她真的很開心，當天晚上馬上把小孩寄放在娘家，和先生去酒吧約會。隔天小孩回來，看見家裡有了遊戲間，興奮地尖叫轉圈圈，孩子的反應是最真實的。

讓善意與福氣循環下去

我好喜歡結緣！結緣是多方受惠，屋主預約我們的服務，讓我們能幫他結緣，也讓他的家變乾淨、空間變大了；收到結緣物品的人，不用花錢就能獲得需要的東西，讓這些物品不再閒置，擁有第二生命；地球也可以珍惜資源、生生不息，讓善意繼續循環下去。

就像李小姐的結緣品中有一雙高跟鞋，我們幫她結緣出去之後，對方剛好就是這個尺碼，穿上後還拍照謝謝我們。看到照片中那雙合腳的鞋子，真的覺得「你就是我們要找的公主！」

結緣的每一方都很有福報，也收到好多的感恩。李小姐感恩我們協助結緣，還給她乾淨的家；林小姐感謝李小姐結緣立燈和收納盒；其他幾位客人感恩林小姐結緣書櫃給她女兒使用、感謝李小姐結緣高跟鞋。每一次的結緣都是讓這些好的能量繼續傳承下去，這就是為什麼我們團隊會花這麼多時間幫客戶結緣，也是我們最有特色的地方。

守護時間、空間、精力，都來自你的選擇

我幫助過上千位客戶結緣，把不需要的物品用最快速的方式送出去。也許這些物品還有剩餘價值，也許可以留著慢慢賣，但比起物品的殘值，我更

在乎的是「空間的價值」。有些整理師會選擇全部清運，但我覺得這樣對還堪用的物品來說實在太殘忍，也是最大的浪費。

因此，收納幸福團隊一直秉持著一個想法，只要能用的物品，我們會快速結緣出去，幫它找到新主人。比起這些物品，時間和精力才是最珍貴的資產，應該把焦點拉回到當下，讓重心回到自己想過什麼樣的生活。

你可以直接清運丟棄它；也可以留著賣，等有緣人出現；或是快速結緣給需要的人，把你的專注力留在美好的家。每一種物品的處理都是你的「選擇」，無論如何我都相信，乾淨的家，會有好事發生！

結語

「當上帝關了一扇門，必打開另一扇窗。」認真傾聽自己內心的聲音與渴望，就會明白，總是感覺不對時，其實也意味著要你換一條路走。即便錯誤或失敗、離開或放棄，我都由衷感謝每一個生命的決定，感謝自己一次次艱難的選擇，回到初衷。

謝謝每一個傾聽我的人，謝謝每一個給我方向的人，你的小小鼓勵，是我停滯不前時巨大的動力。腳踏實地、親力親為重複做好每一件小事，就是我做收納的靈魂所在。我會繼續前進，謝謝每一個為我加油的人。

每一次在整理明天到府收納需要用到的物品時，想起又是一個新的挑戰，想起又能接觸一個不一樣的人、可以產生新的火花和交流，就讓我無比興奮和期待。神奇的是，預約的屋主，也有著相同的興奮和期待（有的還會睡不着）。

我是台灣第一個做到府教收納工作的人，這些年來刮風下雨都不放棄，甚至懷孕都做到八個月時才休息。我真心熱愛這份工作，熱愛和每一個人的互動、熱愛每一個學會收納後展開笑顏的人，更熱愛那些透過整理在雜物底下找回自己的人。每一個家的轉變，都象徵著人的轉變；每一個改變的背後，都是嶄新的開始。

整理師的工作很神聖。它像是天使送來的訊息，某年某月我也許會出現在一個陌生的城市，在一條一輩子都不會走到的小巷中，走進了一個一輩子都不會遇見的人家中與我分享他的故事。這種交流很不可思議，是一般很難體會的深層交流。也許我們一生中相遇的人事物，都像車站來來往往的人群，有的停下買東西、有的問你路，有的陪你到這一站之後，轉身搭捷運離開。但很不同的是，我的工作讓我進入一個人的家，透過環境告訴我他不快樂的原因，物品會訴說他的心靈軌跡，讓我看見他真實的內心。

我走入他的環境，也走入他的心。用空間療癒他，也教他自癒的能力。短短幾天，他的身心靈會和環境合一，然後我就會離開。他的生活則會產生蝴蝶效應，重新開始新的旅程。

我很感謝自己一直做這麼美好的工作，它讓我找到天賦的魅力，也讓我能幫助更多人。我好愛我的工作。謝謝每一個敞開大門讓我走進的人，我一定會幫你到底。真心覺得上天非常眷顧我，在今年自己能量稍微低迷的時候，我開始自我懷疑：是我太慢還是野心不夠大？是我不夠斂財還是太善良？這些迷惘讓我沮喪，聽不見自己的聲音。後來，在商周講堂的講座上，看見台下一個個舉手發問的學生，還有每一個跟我詢問的人，那一雙雙閃著光的眼睛。此刻我突然明白，一直以來我都在這條路上，無論別人怎麼做、無論環境怎麼改變，我把收納當成一生志業，希望用收納幫助別人的初衷從沒改變，我根本不需懷疑自己。

在整理電腦裡客戶的資料時，每一個空間、每一個客戶整理後的笑臉、每一張照片背後的故事我都記得。我真心感謝，這麼多年來，每一個相信我、願意讓我進入的家，願意接受我收納觀念的人。

回顧這麼多案例故事，有非常非常多透過整理改變自己人生的奇蹟案例，這是支持我做這個工作這麼久最大的成就來源。看著他們的轉變，讓我真心覺得，自己努力的一切都值得。

當然也有少許無能為力的案例，不願改變無法溝通的長輩、排斥整理師瘋狂咆哮的先生，不是真心想改變只想有人幫他收就好的。每一個無法拯救的人，都讓我很難過，覺得自己無能為力，失落感很重，回家之後好久好久都還在懊悔自己。

我想起柯 P 柯文哲還在台大醫院當醫生時說的一句話：「醫生沒有辦法控制人生的生老病死，但我們盡力了。每一個沒有救活的病患，都是我們的菩薩，教我們變得更好。」

突然之間覺得，我盡力了，如果他們不能接受沒有關係，也許在那個當下不是最好的時機、也許他還沒有覺醒、也許我不適合這樣的家。每一個也許，緩和了我對自己的自責，每一個也許，讓我重新調整自己的方式和態度。

也因為這樣，我學會放下。無論在那個家、那個人身上承受了什麼，走出他的家門、關上門那一刻，輕聲說聲謝謝，轉身放下。那句謝謝，包含我所有的情緒和屋主的一切。也因為學會放下，我能飛得更高、走得更遠。

我無法控制每一個客戶未來會怎麼發展，但我由衷感謝能遇見你們。有你們給的機會，幫助我成為更好的自己。從成就中努力向前，從失敗中記取經驗。一路上遇到的所有客人，你們是我經驗的累積，也是我最精采的人生啟發，謝謝你們給我機會陪伴你們，進入你們的人生故事。

無論最後怎麼了，我都相信，你比遇到我之前的那個你更好了。

乾淨的家，會有好事發生。

國家圖書館出版品預行編目（CIP）資料

姐，整理的是人生：收納教主廖心筠，從斷捨離、整理收納到領悟人生幸福的旅程 / 廖心筠著 . -- 初版 . -- 臺北市：商周出版：英屬蓋曼群島商家庭傳媒股份有限公司城邦分公司發行 , 民 113.2

面； 公分 . --（商周其他系列；BO0354）

ISBN 978-626-390-015-8（平裝）

1. CST: 家政 2.CST: 家庭佈置

420 112022929

商周其他系列　BO0354

姐，整理的是人生

收納教主廖心筠，從斷捨離、整理收納到領悟人生幸福的旅程

作　　　者／廖心筠
責 任 編 輯／陳冠豪
版　　　權／吳亭儀、林易萱、江欣瑜、顏慧儀
行 銷 業 務／周佑潔、林秀津、賴正祐、吳藝佳

總　編　輯／陳美靜
總　經　理／彭之琬
事業群總經理／黃淑貞
發　行　人／何飛鵬
法 律 顧 問／台英國際商務法律事務所
出　　　版／商周出版　台北市中山區民生東路二段 141 號 9 樓
電話：(02)2500-7008　傳真：(02)2500-7759
E-mail：bwp.service@cite.com.tw
Blog：http://bwp25007008.pixnet.net/blog
發　　　行／英屬蓋曼群島商家庭傳媒股份有限公司城邦分公司
台北市中山區民生東路二段 141 號 2 樓
書虫客服服務專線：(02)2500-7718・(02)2500-7719
24 小時傳真服務：(02)2500-1990・(02)2500-1991
服務時間：週一至週五 09:30-12:00・13:30-17L00
郵撥帳號：19863813　戶名：書虫股份有限公司
讀者服務信箱：service@readingclub.com.tw
歡迎光臨城邦讀書花園　網址：www.cite.com.tw
香 港 發 行 所／城邦（香港）出版集團有限公司
香港九龍九龍城土瓜灣道 86 號順聯工業大廈 6 樓 A 室
電話：(825)2508-6231　傳真：(852)2578-9337
E-mail：hkcite@biznetvigator.com
馬 新 發 行 所／城邦（馬新）出版集團【Cite (M) Sdn. Bhd.】
41, Jalan Radin Anum, Bandar Baru Sri Petaling,
57000 Kuala Lumpur, Malaysia.
電話：(603)9056-3833　傳真：(603)9057-6622
E-mail: services@cite.my

封 面 設 計／初雨有限公司　內文設計排版／林婕瀅
印　　　刷／鴻霖印刷傳媒股份有限公司
經　銷　商／聯合發行股份有限公司　電話：(02)2917-8022　傳真：(02) 2911-0053
地址：新北市新店區寶橋路 235 巷 6 弄 6 號 2 樓

■ 2024 年（民 113 年）2 月初版

Printed in Taiwan
城邦讀書花園
www.cite.com.tw

定價／ 450 元（紙本）　320 元（EPUB）
ISBN：978-626-390-015-8（紙本）
ISBN：978-626-390-018-9（EPUB）

150 分鐘的課程，**360** 度全方位學習！

PART 01 **收納規劃**
找出收納問題對症下藥，讓居家整理變簡單

PART 02 **觀念建立**
學會跟不需要的物品說再見

PART 03 **實作方法**
有效率的居家整理方法：Lucky7 幸福整理術

PART 04 **實踐計畫**
從「心」開始的 Lucky7 幸福生活計畫

PART 05 **加碼優惠**
加碼 Lucky7 幸福整理術在整理人生的運用

讀友好康
再加碼!!

原價 4,200 元

3 月 15 日前
特價 **2,800** 元

輸入折扣碼「**LUCKYB30**

再折 **300** 元
（限自慢塾使用，優惠期間可

折扣碼使用期限
即日起至 2024 年 12 月 31

─立即預約幸福人生

讀者專屬・衣櫥整理完整示範課

免費兌換方式詳見背面說明

★購書讀者專屬兌換★免費觀看正課精華★

衣櫥整理完整示範

聯想性收納法——集・挑・分・歸的示範

16 分鐘課程，將衣櫃從凌亂到整齊有序，詳細過程為你解說！

兌・換・方・式

STEP 01
請至
「城邦自慢塾」
加入會員：
www.cite.tw

STEP 02
掃描上方
QR code，
進入課程頁面

STEP 03

STEP 04
點擊課程頁的
「我要上課」，
即可開始觀看